泳装 健身服 板样制图95例

智海鑫 组织编写

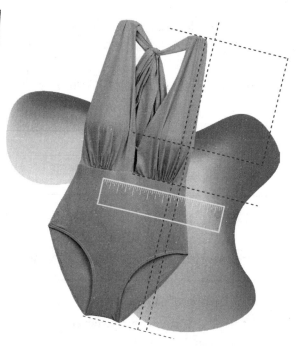

化学工业出版社

·北京·

U0351324

图书在版编目（CIP）数据

泳装 健身服板样制图 95 例 / 智海鑫组织编写 .
—北京：化学工业出版社，2019.11
ISBN 978-7-122-35324-5

Ⅰ.①泳…　Ⅱ.①智…　Ⅲ.①游泳衣 – 服装样板 –
制图 ②运动服 – 服装样板 – 制图　Ⅳ.① TS941.734

中国版本图书馆 CIP 数据核字（2019）第 222937 号

责任编辑：张　彦	美术编辑：王晓宇
责任校对：王鹏飞	装帧设计：芊晨文化

出版发行：化学工业出版社（北京市东城区青年湖南街 13 号　邮政编码 100011）
印　　装：三河市延风印装有限公司
787mm×1092mm 1/16 印张 8¾ 字数 240 千字　2020 年 2 月北京第 1 版第 1 次印刷

购书咨询：010-64518888　　　　　　　售后服务：010-64518899
网　　址：http://www.cip.com.cn
凡购买本书，如有缺损质量问题，本社销售中心负责调换。

定　　价：36.00 元

前　言

在古代，日常的运动健身只局限于当时的贵族阶层，当时的人们在健身时，主要穿着日常生活服装，就连游泳也是穿着日常服装下水。

真正意义上的健身运动服出现于19世纪。19世纪中叶，体育运动在欧洲逐渐普及。人们在日常狩猎、游泳以及高尔夫球等运动中，越来越感到穿日常服装太不方便，便开始尝试根据不同运动项目的需要，对服装进行改良。于是，出现了泳装、马术服、高尔夫球服、网球服等各种运动服的雏形。到了19世纪90年代，随着网球、骑行、游泳等运动的普及，各种健身运动服装开始流行起来。此后，健身运动服的生产日益步入正轨并开始蓬勃发展，从设计到裁剪、制作、面料的选择等，也都日益精良。到了20世纪后，健身运动服的种类越来越多，并逐渐在世界各地普及。

今天，健身运动服不再仅仅是运动员的服装，早已经成为普通大众日常室内或者户外健身、旅游休闲时的一种轻便服装。尤其在倡导全民健康的大环境下，再加上人们健康观念的加强、健身业和旅游业的发展，以及人们对休闲、轻奢生活的追求，更进一步促进了健身运动服的热销。

出于市场对健身运动服的需要，以及为了满足广大服装爱好者和服装专业学生、从业人员的需要，我们特地组织编写了本书。在本书各项数据中，均使用"厘米"为单位。由于作者水平有限，本书存在疏漏之处，恳请广大读者指正！

最后，真诚感谢孙一鸣、张文达、罗治勇、殷泽惠等人为本书提供内容上的支持和帮助。

目录

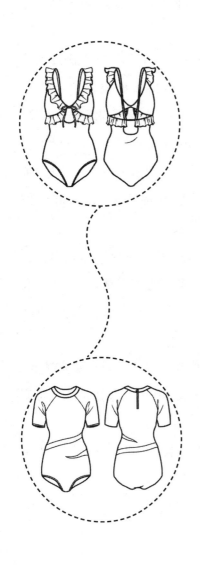

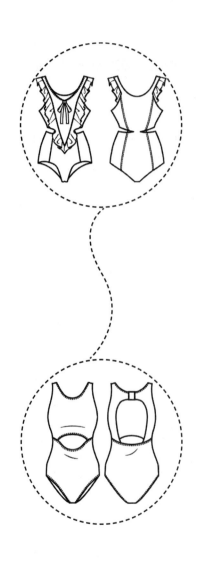

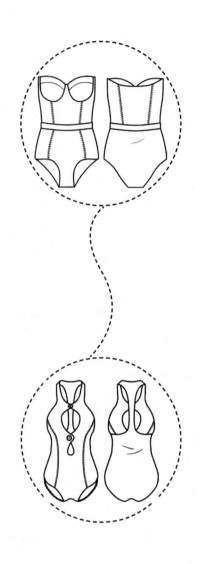

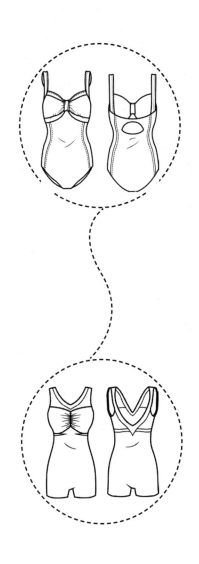

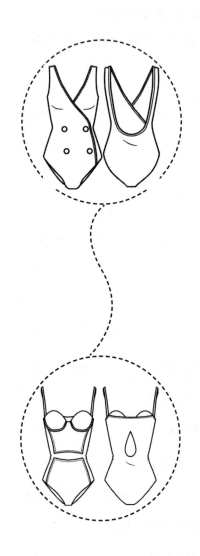

泳装和比基尼的历史

泳装最早出现在 18 世纪左右,它实际上是当时的贵族女性穿着洗澡的一种"汗衫式"服装。在 19 世纪 90 年代,由于当时的社会观念保守,认为裸露身体部位有伤风化,因此,在这个时期,人们即使下水游泳也会穿着长袍,而且用来制作这种"下水长袍"的材料也极为厚实,哪怕湿了也不会变成"透视装"。同时,这种"泳衣"的下摆还作了特殊处理,浸泡在水中也完全不会浮上水面。据资料记载,在当时的欧洲,"更衣室"是安装在车轮上的,游泳爱好者们更换泳衣必须进"更衣室"。为了避免衣服向上缩,暴露大腿,女性还会将泳衣的边缘用针线缝紧。

到了 20 世纪初,很多法国人在海滩上嬉戏时,直接穿着日常服装下海。当时,所谓的"泳装"只有少数富人才会穿,这种泳装看起来更像今天的连衣短裙,类似人们在家居生活中穿着的普通裙装。

大约在 1909 年,连衣短裤泳装出现了,这才是真正意义上的泳装。

从 20 世纪初开始,泳装代表的变革与时尚,一直都在和当时的传统与保守观念相互较量。当时,不论是谁,只要穿着哪怕稍微多暴露出一点身体的泳衣,都有可能被警察拘捕。

直到 1930 年左右,由于女权主义兴起,在女性的积极抗争之下,泳衣的样式才逐渐发生了改变。虽然当时的泳衣仍然把身体捂得比较严实,但至少可以露出胳膊和大腿了。当时的泳装还出现了细肩带式的设计。

到了 20 世纪 40 年代,时装店里开始出售泳装。而战争中紧缺的物资供应,也进一步刺激了泳装的发展,因为当时的美国政府下令要尽量减少老百姓对纺织品的使用。

1946 年,美国人在一个名叫"比基尼"的岛屿上投放了一枚名叫"布拉沃"的原子弹，大约十来天后，法国巴黎一个名叫路易斯的设计师推出了一款由三块布料和四条带子组成的泳装。为了吸引大家的关注，他用印有比基尼事件的报纸作为泳衣的花纹素材，并将这款新式泳衣命名为"比基尼"。比基尼泳装在当时的社会和时尚圈中引起了巨大轰动，并开始闻名天下，这个名字也一直沿用至今。

不过，虽然比基尼风靡全世界，但当时参加选美的姑娘们仍然被禁止身穿比基尼，在比利时、意大利、西班牙、澳大利亚这些国家也不允许女性穿比基尼。梵蒂冈甚至还把穿比基尼定为有罪。

直到20世纪60年代后，比基尼才逐渐成为一种新的潮流服饰。从60年代开始，在美国杂志《花花公子》和《体育画报》的封面上开始出现比基尼女郎，比基尼逐渐成为美国流行文化的象征。

到了20世纪90年代后，泳装的设计与做工都日益成熟。比基尼也开始成为泳装家族的主角之一。

泳装的发展历史，也是近现代社会发展的一个历史缩影。

怎样选择泳装面料？

制作泳装首先要选好面料。泳装的面料要有弹性，例如氨纶含量15%以上的弹性织物。因为用弹性织物制成的泳装，能够在运动时紧贴身体，使身体在水中能够运动自如。

泳装面料要能够适应有一定氯分子含量的泳池水，并且要兼顾保暖性。目前国际上流行的立体弹力织物面料，就很适合低温水和泳池水，因为这种面料内部中空较多，更容易保持体温。

还有的泳装用的是丝盖棉面料。丝盖棉面料的表层看起来像化纤织物一样光洁、明艳，里面是用纯棉织造的，对皮肤没有刺激，穿在身上皮肤不容易过敏。

所有泳装的档部都应该有衬布。

质量好的泳装面料弹性好、吸水性弱，在水中能够减少水的阻力，并且重量轻，穿在身上更舒适,运动时身体更灵活。

泳装面料除了要具有弹性外,还应该比较厚实,不容易变形。在选择面料的时候,可以先用手触摸面料,或者参考材料的成分含量表,还可以用力拉一拉,看看布料的厚薄和弹性。好面料摸起来手感柔软,布料的纹路也比较细密。

常用泳装面料有以下三种。

(1)杜邦莱卡 一种人造弹性纤维,弹性极佳,可延伸到原长的4~6倍,伸展度极好,适合跟各种纤维混纺,质地垂坠、不易皱。含抗氯成分,比普通材质的泳衣的使用寿命更长,适用于连体泳装。

(2)锦纶面料 中等价位,质量不及杜邦莱卡面料,但是弹性度与柔软度和杜邦莱卡不相上下,是目前最常用的泳装面料。

(3)涤纶面料 属于单向、二方伸展的弹性面料。弹性小,但价位低,在分体式泳装中比较常见。

泳装属于运动实用型服装,拉伸效果强,在设计和制作过程中,最好不要用拼接款式。因为拼接款式的泳装在运动强度大时,拼接部位容易开线。泳装在缝制过程中,最好采用有弹性的线,线的弹力要和面料的拉伸度一致,这样穿在身上后,不会因为运动造成缝线断裂。缝制泳装的接缝时,最好用最牢固的四针六线。如果缝制沙滩装,最好选择有抽褶线的款式,这样看起来既美观,而且弹力拉伸度也会更好。

泳装的清洗和保养

1. 勿将泳装接触水泥地、沙子、岩石等表面粗糙之地,避免表层磨损。

2. 泳装勿接触高温水,避免遇热变形。

3. 用完后立即用清水手洗后风干,避免长时间闷放在袋中或行李箱内,以免热化褪色。

4. 清洗时,先浸泡在20℃以下的清水中,加入少许中性清洗剂一起浸泡10分钟,然后用手轻柔搓洗,再用清水洗净,稍微拧干,放在阴凉处晾干,勿用热水、洗衣剂、洗衣机脱搅或者放在日光下晾晒。

5. 勿用烘干机烘干,避免损坏泳装材质引起变形。

怎样选择运动服装的面料?

随着人们健康意识的提高, 健身运动在生活中日益流行, 运动服也成了人们日常生活中的常见服装。

与正装相比, 运动服装穿在身上更轻松、随意、舒适、自然, 既可以在健身运动的时候穿, 也可以在日常休闲生活中当便装穿。

运动服装的款式很多, 一般来说, 不同运动项目有不同要求的运动服。例如: 篮球运动通常要求篮球运动员穿无袖背心式运动服; 户外跑步以安全为主, 所以户外长跑运动员穿的服装一般都是用具有反光效果的面料制成的; 瑜伽运动员穿瑜伽服; 棒球运动员穿棒球服……

因为人体在运动过程中会大量流汗, 为了避免汗液淤积在皮肤表面令人难受, 运动服无论外套还是内衣, 都要求选择有利于散发汗水的面料, 要尽量避免使用纯棉面料。因为纯棉面料虽然吸汗, 可是透气功能比较差, 面料吸收的汗水难以及时挥发出去, 很容易让湿透的内衣黏附在皮肤上, 失去保温效果。尤其在温差比较大的寒凉的秋冬季, 纯棉内衣更容易让人在剧烈运动后因大量出汗而受凉, 甚至引起感冒、头痛等。因此, 运动服通常都用类似聚丙烯这样材质的面料, 因为聚丙烯透气性好, 容易将汗液散发出去, 更有助于保持皮肤的干燥清洁。

健身服也有春夏秋冬季节之分。在不同季节里穿的健身服, 对面料的要求也各有不同。春秋季节穿的健身服, 面料比夏季健身服要稍厚一些; 而冬季健身服则要求面料具有良好的保暖性。

网球服

网球运动萌芽于法国, 正式诞生和普及于美国, 而今天已在全世界盛行。

大约在 12 ~ 13 世纪时, 法国传教士热衷于一种用手击球的游戏。不久后, 这种游戏从教堂发展到宫廷, 成为当时贵族男女的消遣活动之一。

到了 16 世纪初,这种球类运动已经开始在法国民间流行起来。到了 1873 年左右,一个名叫沃尔特·克洛普顿·温菲尔德的人对这项球类运动做了改进,使之开始成为盛行于夏季的一项草坪运动,并被取名为"草地网球"。

此后,网球就成为一项在室内和户外都能进行的运动。英国各地也开始建立网球俱乐部。

与其他运动服装相比,网球运动员穿在身上的网球服,似乎更能反映出时尚的潮流和社会文化的变迁。

在 20 世纪初期,网球场上的男性仍然穿长衣长裤;女性更是要穿清一色的长袖长裙,有些人甚至还会戴着礼帽,或者扎着头巾打球。据记载,当时还规定,女性在打网球时,衣服的袖口必须包紧手腕,裙摆必须盖住脚踝,并且女性网球运动员必须穿长到脚踝的白色连衣裙、束腰马甲、衬裙,以及戴上帽子。

直到第一次世界大战后,保守的网球服装才终于有了改革与变化。一些女性运动员开始穿短袖、长袜和宽松过膝的百褶裙。在这一时期,白色 T 恤衫代替了白衬衫,短裤代替了裙子。

直到 20 世纪 90 年代后,女性穿的网球服才终于搭上了时尚的列车。上装的领口越来越低,裙子和裤子也越来越短,布料越用越少,而布料的材质随着科技的发展也越来越高级。

棒球服和马术服

棒球服是棒球文化的衍生品。

棒球是从美国发展并流行起来的,棒球服最早源于 1849 年成立的美国的一支棒球俱乐部。到了 19 世纪末,随着棒球运动的流行,棒球服也开始流行起来,此后,每一支棒球队基本都会有属于自己的棒球服。

今天,棒球服不再仅仅限于棒球运动员穿着,普通人也一样可以穿棒球服。现在的棒球服虽然颜色更丰富,细节更加精致,但是整体款式和从前的差异并不大。

棒球服是一种非常休闲的服装,它只适合在休闲和运动的时候穿。棒球服外套可以随意搭配休闲裤,女生穿棒球服可以搭配裙子、紧身裤或者皮裤。棒球服外套还可以搭配休闲 T 恤或者针织上衣,而穿棒球 T 恤衫也可以搭配针织外套或者其他休闲外套。

和棒球文化一样,在马术和马球运动中,通常都会穿马术服。早期的马术服包括头盔、手套、马裤、马靴、防护背心等一整套装备。马术服不仅要求耐磨,而且要有良好的吸汗性和排汗性,还要能够防水、防风、保暖,并且穿在身上要能够运动自如。

像 Hermès、Gucci、Dior、Dunhill 这些国际奢侈品牌,在初创的时候,其实多多少少都和马术服有着密不可分的关系。直到今天,在这些品牌中,也还有一些专门为马术运动设计的服饰单品。

瑜伽服

瑜伽运动起源于印度,距今已经有五千多年的历史了。

古印度的瑜伽修行者在大自然中修炼身心时,发现各种动物与植物天生具有治疗、放松、催眠或者保持清醒的方法,它们患病时也可以不经过任何治疗自然痊愈。于是,古印度的瑜伽修行者就根据对动物姿势的观察、模仿及体验,创立了瑜伽。

瑜伽服,就是由瑜伽运动衍生出来的一种健身服。穿着舒适的瑜伽服无疑对瑜伽练习是有帮助的。所以,制作瑜伽服要注意以下两方面:

第一,作为一种功能性服饰,瑜伽服的面料穿在身上一定要舒适自然。在瑜伽练习中,有很多需要全身伸展的大幅度动作。虽然宽松的棉麻服装穿着舒服、透气,但是由于布料缺乏弹性,在练习中难免会有束手束脚之感。瑜伽练习中有肩立、头下脚上等姿势,如果衣裤过于宽松,就会往下滑,暴露出腹部或者腿部,在健身房中容易造成尴尬的局面。棉麻衣服还有一个特点是虽然吸汗性好,但是排汗性较差。人在运动中会大量流汗,浸了汗水的湿衣如果不能及时排出水分,粘在身上就容易难受,而且时间长了还有可能会长湿疹。所以,舒适的瑜伽面料不仅要求有弹性,还要求有良好的吸汗性和排汗性。

第二，制作瑜伽服时，样式越简洁越好，消费者穿在身上能显得大方、利落。衣服上最好不要有太多饰物，尤其不要有金属饰物，也最好不要有绳结之类的装饰，以免妨碍运动、损伤身体。衣服穿在身上要能够使四肢伸展自如，整个身体不要感到束缚。上衣的袖口不宜紧窄，以自然敞开的样式比较好；裤脚最好是松紧口或者扎绳式样，这样在练习仰卧、后翻的动作时，可以防止裤筒下滑。瑜伽服也要分季节，春秋冬季以长衣长裤为主；夏季以短衣裤为主，也可以短衣配长裤。

Part 1

泳装、浮潜服及沙滩服

001. 儿童连体泳装 A 款

部位	衣长	腰围	胸围	肩宽
尺寸	55	55	64	20

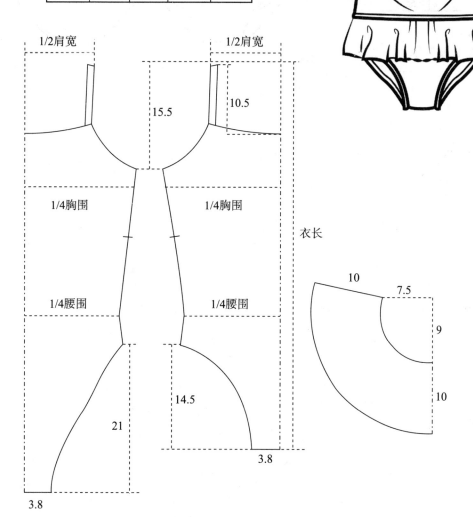

002. 儿童连体泳装 B 款

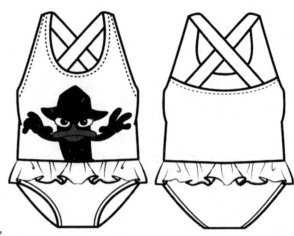

部位	衣长	腰围	胸围	肩宽
尺寸	55	55	64	20

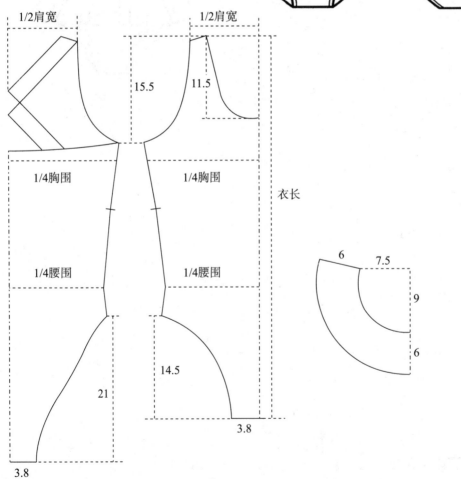

003. 儿童分体泳装

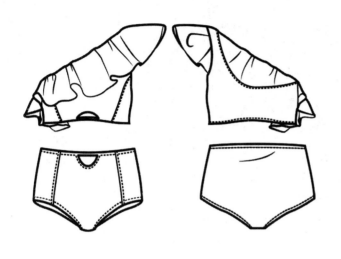

部位	衣长	腰围	臀围
尺寸	22.5	58	70

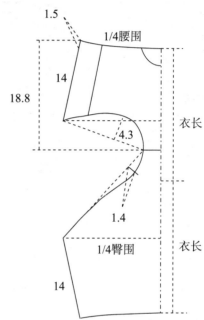

1.5

1/4腰围

14

18.8

衣长

4.3

1.4

1/4臀围

衣长

14

部位	衣长	腰围	胸围	肩宽
尺寸	35	60	70	32

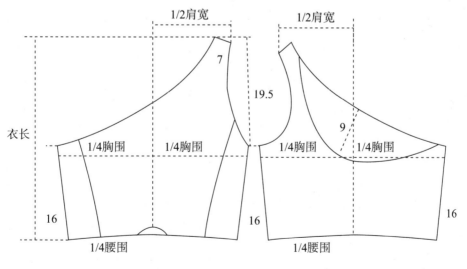

1/2肩宽

1/2肩宽

7

19.5

9

衣长

1/4胸围   1/4胸围

1/4胸围   1/4胸围

16

16

16

1/4腰围

1/4腰围

9

72

004. 学生连体泳装 A 款

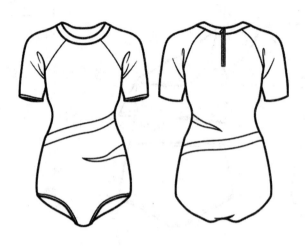

部位	衣长	腰围	胸围	肩宽	坐围
尺寸	67	56	75	31	79

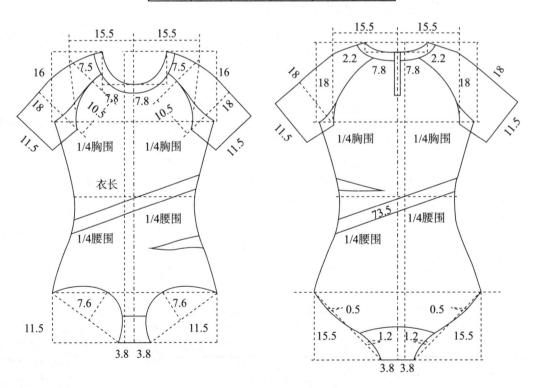

005. 学生连体泳装 B 款

部位	衣长	腰围	胸围	肩宽	坐围
尺寸	67	56	75	24	79

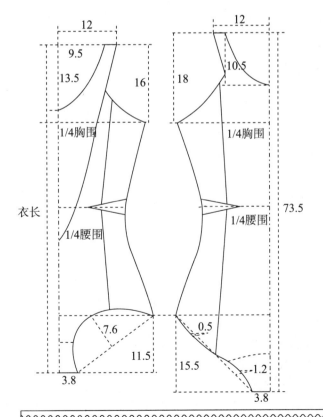

006. 学生连体泳装 C 款

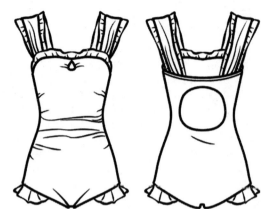

部位	衣长	腰围	胸围	肩宽	坐围
尺寸	67	58	75	30	83

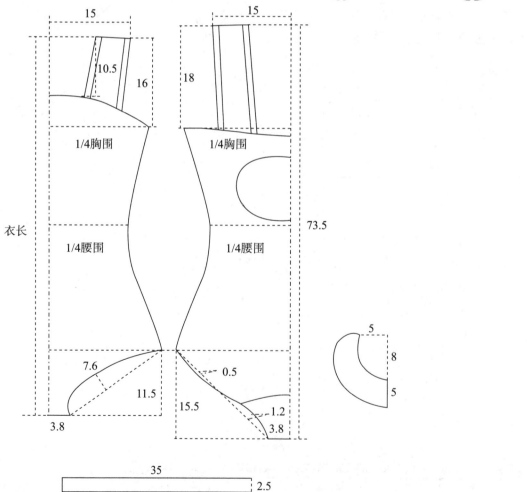

007. 学生连体泳装 D 款

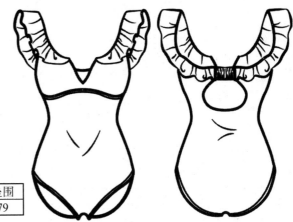

部位	衣长	腰围	胸围	肩宽	坐围
尺寸	67	56	75	24	79

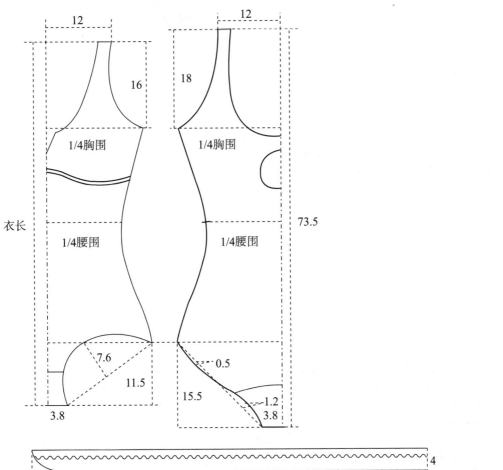

008. 学生连体泳装 E 款

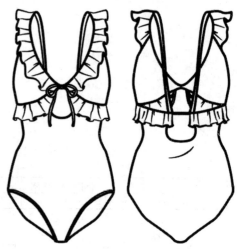

部位	衣长	腰围	胸围	肩宽	坐围
尺寸	67	56	75	24	79

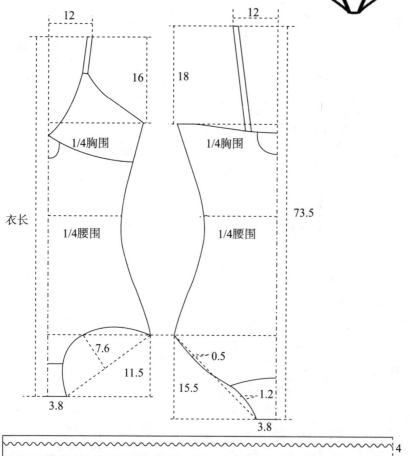

009. 成人分体泳装 A 款

（1）上装

部位	衣长	腰围	胸围	肩宽
尺寸	30	60	68	25

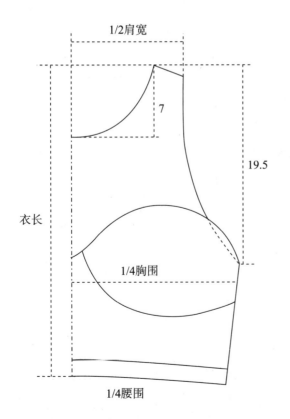 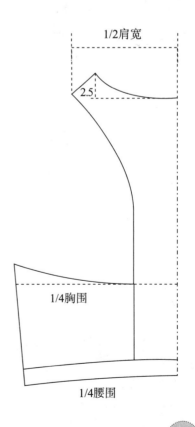

（2）下装

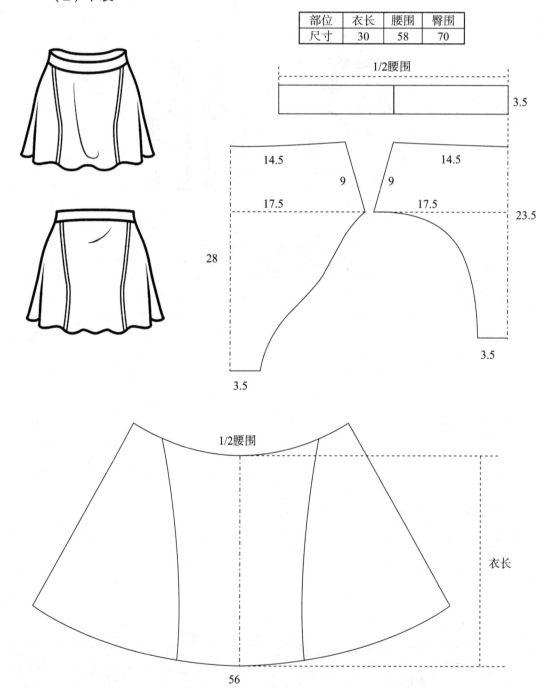

部位	衣长	腰围	臀围
尺寸	30	58	70

1/2腰围

3.5

14.5　　　14.5

9　　9

17.5　　17.5　　23.5

28

3.5

3.5

1/2腰围

衣长

56

010. **成人分体泳装 B 款**

（1）上装

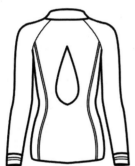

部位	衣长	腰围	胸围	肩宽
尺寸	60	74	86	36

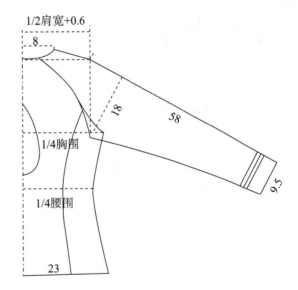

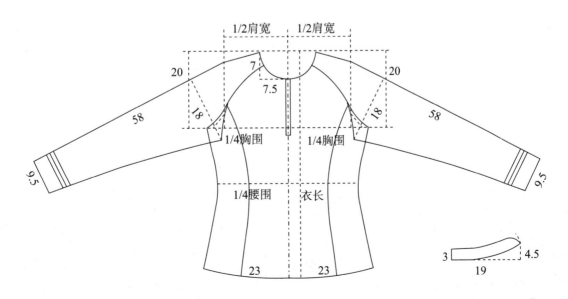

（2）下装

部位	衣长	腰围	臀围
尺寸	30	58	70

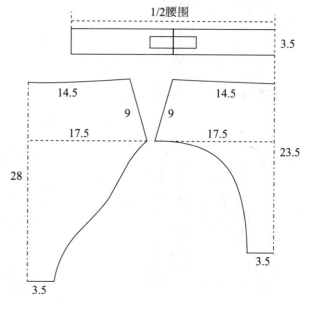

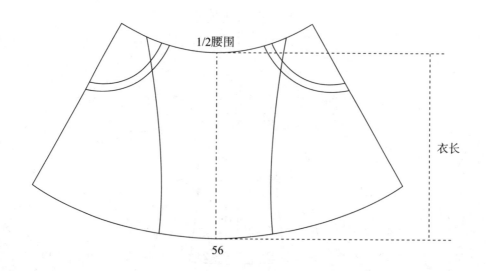

011. 成人分体长袖泳装

（1）上装

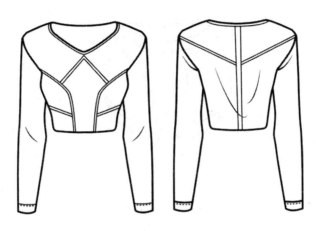

部位	衣长	腰围	胸围	肩宽
尺寸	50	74	86	40

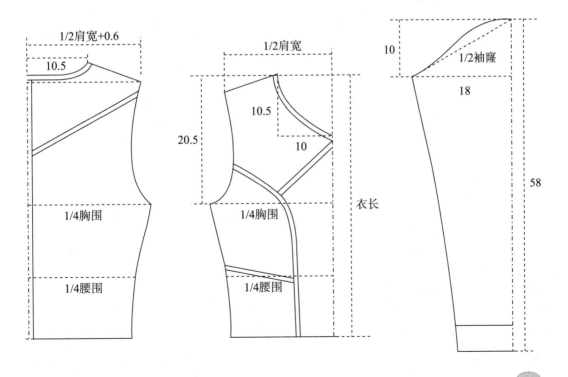

（2）下装

部位	衣长	腰围	臀围
尺寸	33	60	84

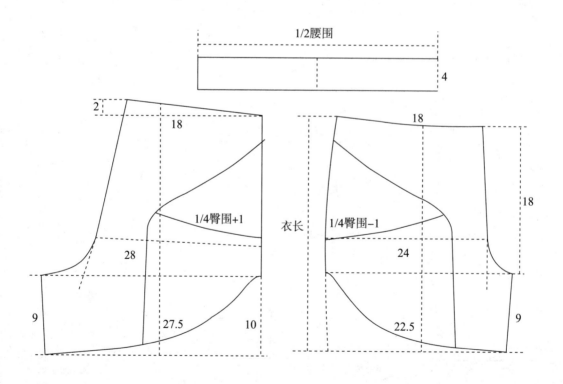

012. 成人连体泳装 A 款

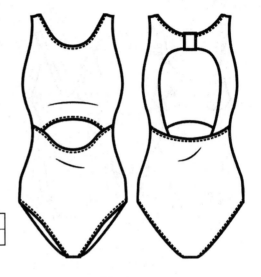

部位	衣长	腰围	胸围	肩宽	坐围
尺寸	67	56	75	24	79

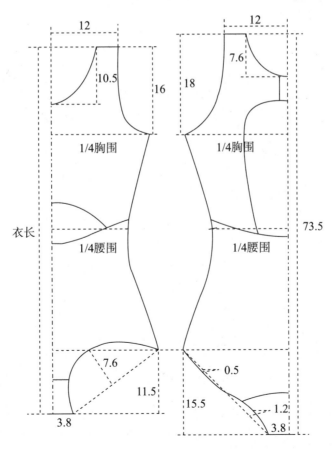

013. 成人连体泳装 B 款

部位	衣长	腰围	胸围	肩宽	坐围
尺寸	67	56	75	24	79

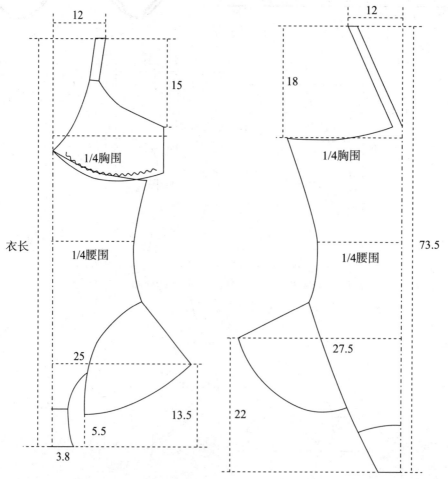

12

15

1/4胸围

衣长

1/4腰围

25

5.5

13.5

3.8

12

18

1/4胸围

1/4腰围

73.5

27.5

22

014. 成人连体泳装 C 款

部位	衣长	腰围	胸围	肩宽	坐围
尺寸	67	56	75	24	79

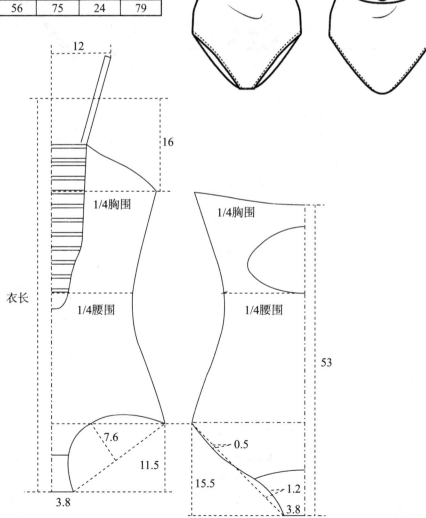

015. 成人连体泳装 D 款

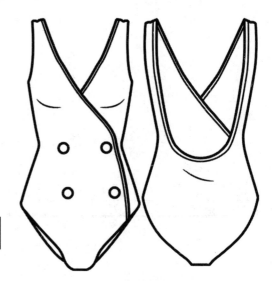

部位	衣长	腰围	胸围	肩宽	坐围
尺寸	67	56	75	24	79

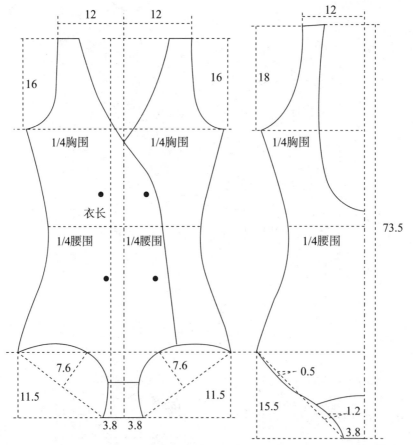

016. 成人连体泳装 E 款

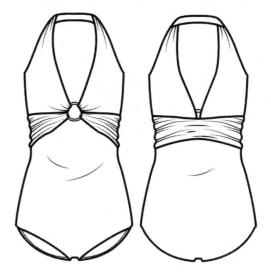

部位	衣长	腰围	胸围	肩宽	坐围
尺寸	67	56	75	24	79

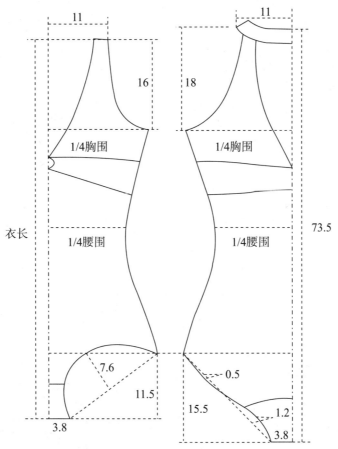

017. 成人连体泳装 F 款

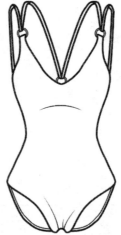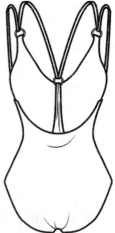

部位	衣长	腰围	胸围	坐围
尺寸	67	56	75	79

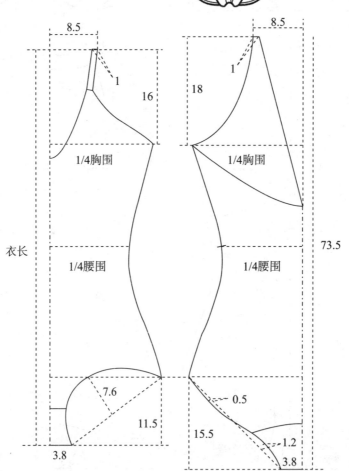

018. 成人连体泳装 G 款

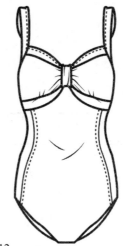 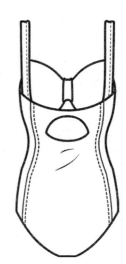

部位	衣长	腰围	胸围	肩宽	坐围
尺寸	67	56	75	24	79

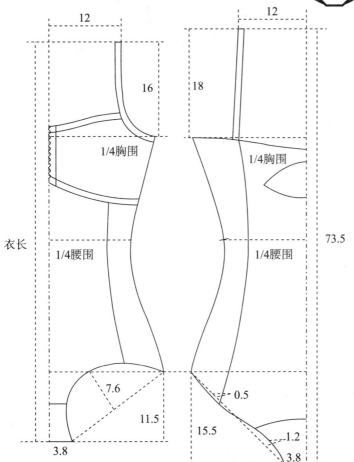

019. 成人连体泳装 H 款

部位	衣长	腰围	胸围	肩宽	坐围
尺寸	67	56	75	24	79

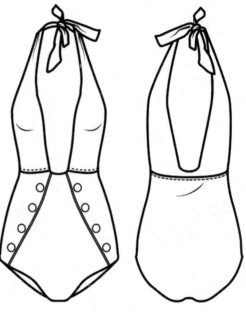

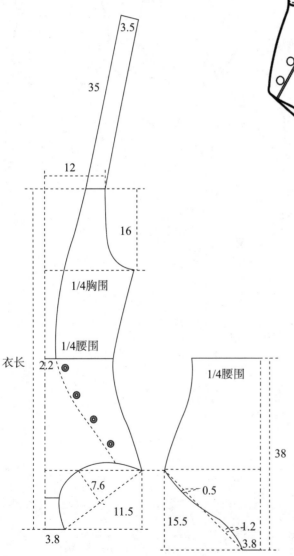

020. 成人连体泳装 I 款

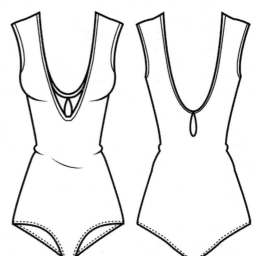

部位	衣长	腰围	胸围	肩宽	坐围
尺寸	67	56	75	30	79

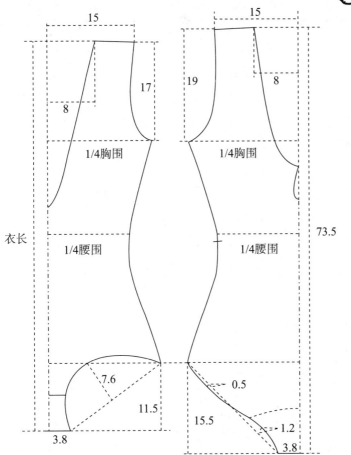

021 成人连体泳装 J 款

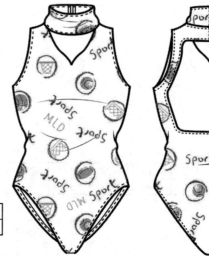

部位	衣长	腰围	胸围	肩宽	坐围
尺寸	67	56	75	24	79

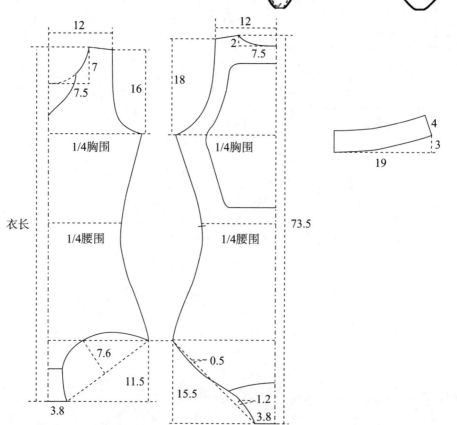

022. 成人连体泳装 K 款

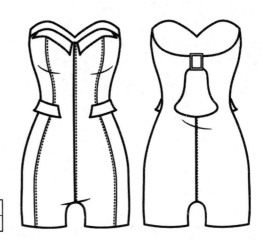

部位	衣长	腰围	胸围	肩宽	坐围
尺寸	61	56	75	31	82

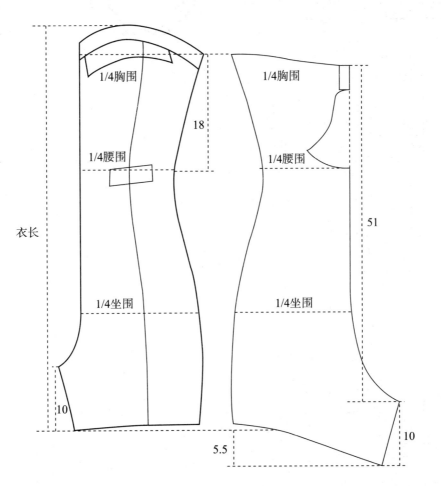

023. 成人连体泳装 L 款

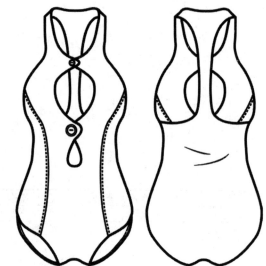

部位	衣长	腰围	胸围	肩宽	坐围
尺寸	67	56	75	24	79

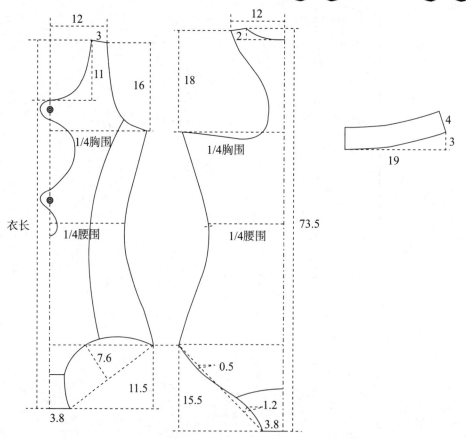

024. 成人连体泳装 M 款

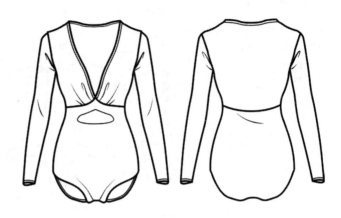

部位	衣长	腰围	胸围	肩宽	坐围
尺寸	67	56	75	31	79

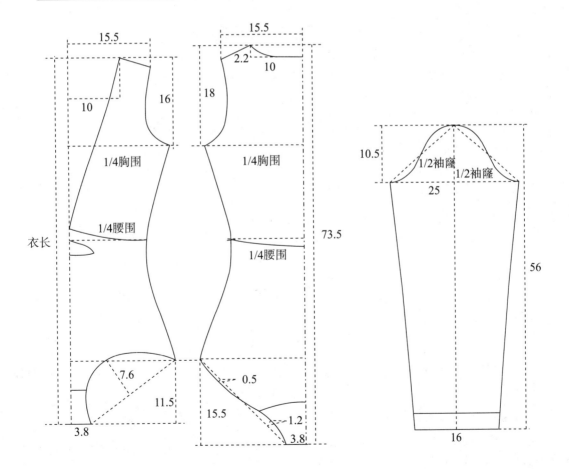

025. 成人连体泳装 N 款

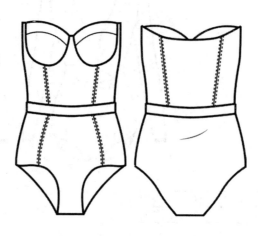

部位	衣长	腰围	胸围	坐围
尺寸	67	56	75	79

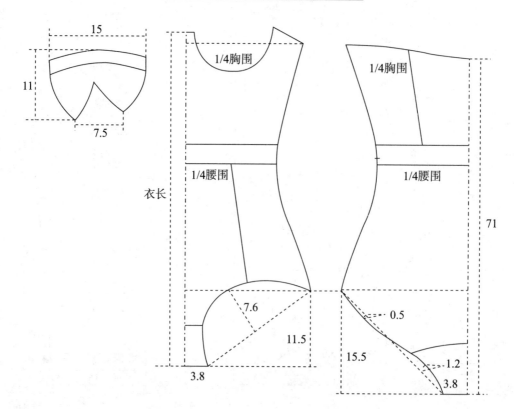

026. 成人连体泳装 O 款

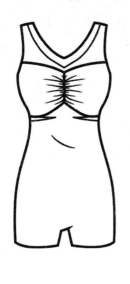

部位	衣长	腰围	胸围	肩宽	坐围
尺寸	74	56	75	31	79

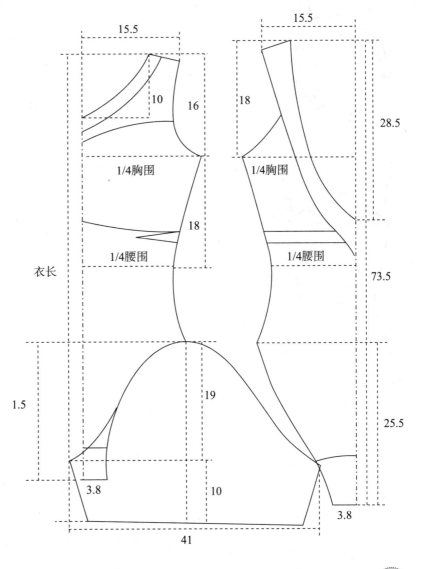

027. 成人连体泳装 P 款

部位	衣长	腰围	胸围	肩宽	坐围
尺寸	67	56	75	24	79

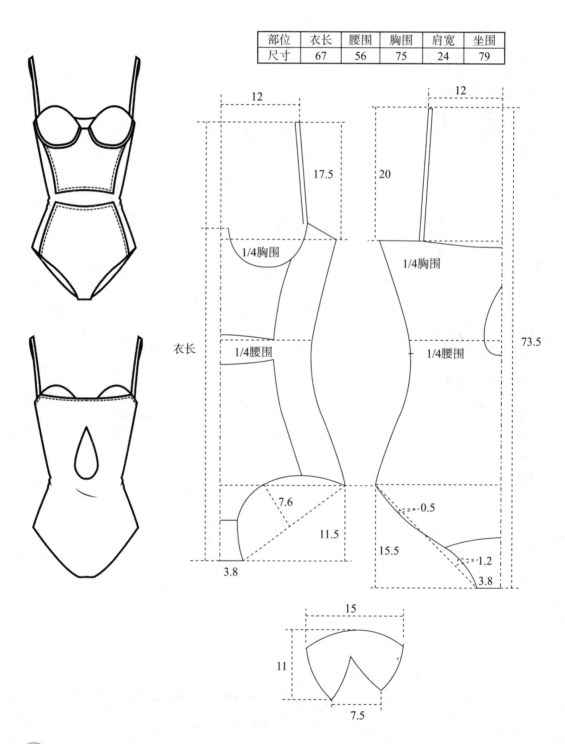

028. 男士连体泳装

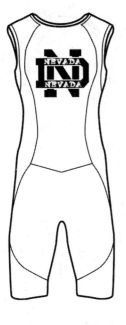

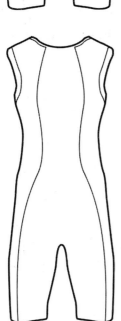

部位	衣长	腰围	胸围	肩宽	坐围
尺寸	98	56	75	32	79

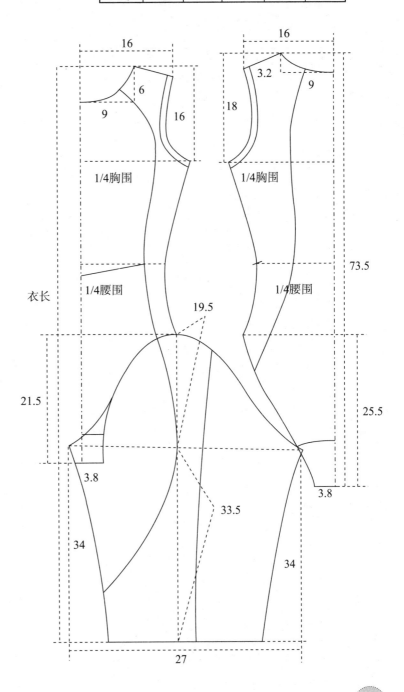

029. 短袖连体式浮潜服 A 款

部位	衣长	腰围	胸围	肩宽	坐围
尺寸	98	56	75	31	79

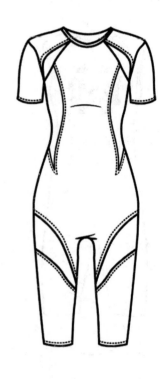

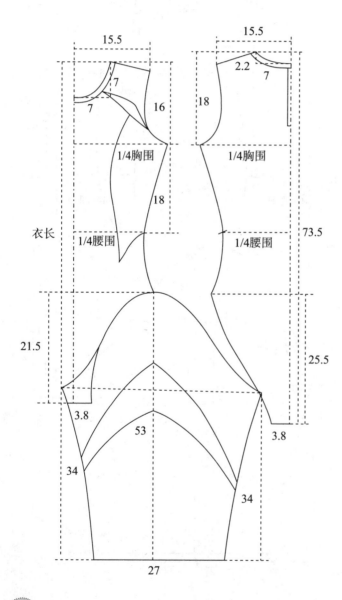

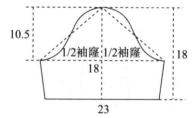

030. 短袖连体式浮潜服 B 款

部位	衣长	腰围	胸围	肩宽	坐围
尺寸	98	56	75	31	79

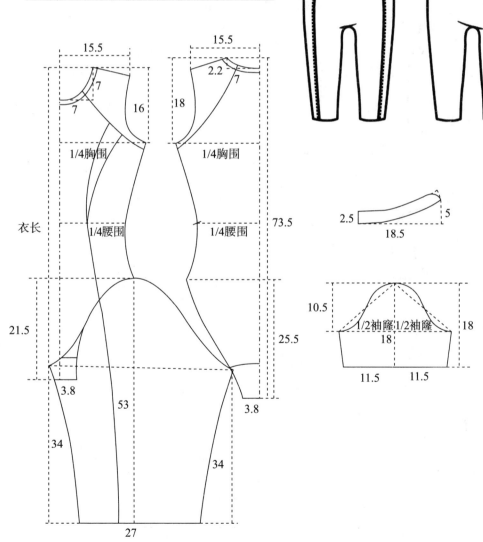

031. 短袖连体式浮潜服 C 款

部位	衣长	腰围	胸围	肩宽	坐围
尺寸	74	56	75	31	79

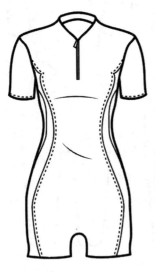

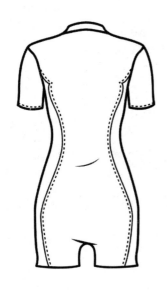
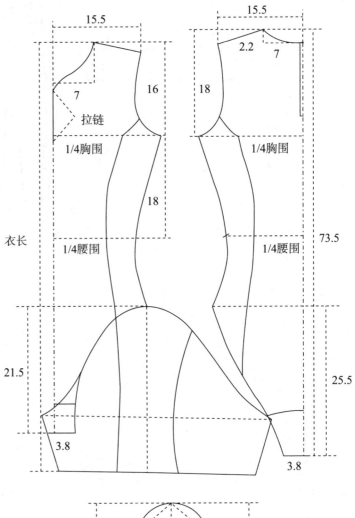

拉链
1/4胸围
1/4腰围
衣长
1/4胸围
1/4腰围
15.5
15.5
16
18
7
2.2
7
18
18
73.5
21.5
25.5
3.8
3.8

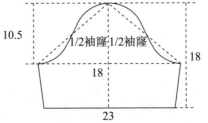

10.5
1/2袖窿 1/2袖窿
18
18
23

032. 短袖连体式浮潜服 D 款

部位	衣长	腰围	胸围	肩宽	坐围
尺寸	74	56	75	31	79

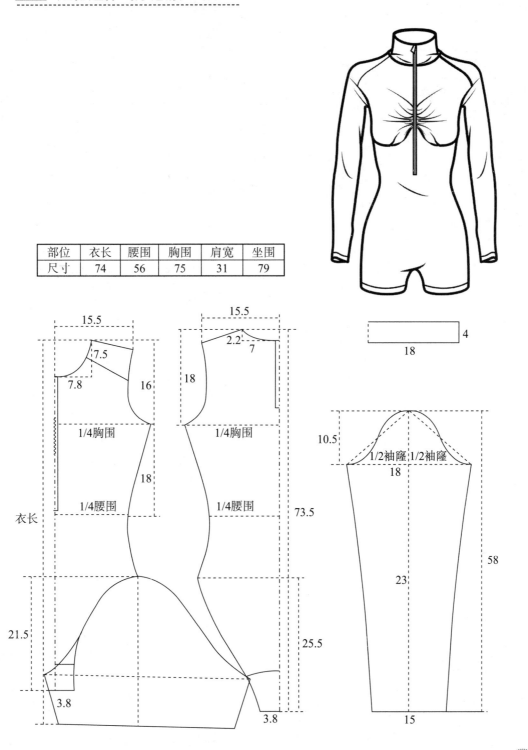

033 长袖连体式浮潜服

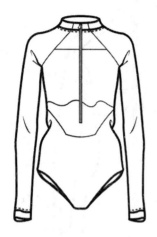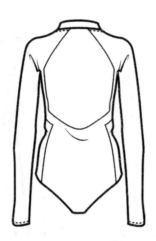

部位	衣长	腰围	胸围	肩宽	坐围
尺寸	67	56	75	31	79

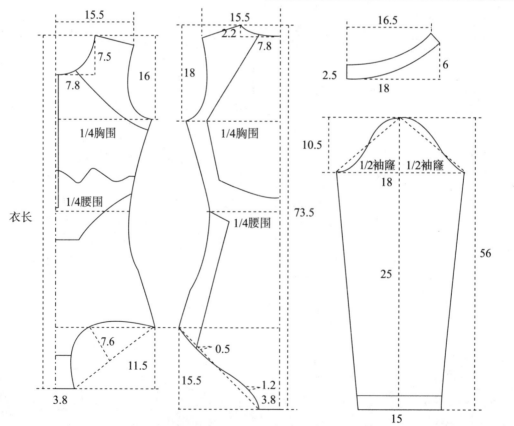

034. 沙滩服 A 款

部位	衣长	腰围	胸围	肩连袖
尺寸	68	98	94	40

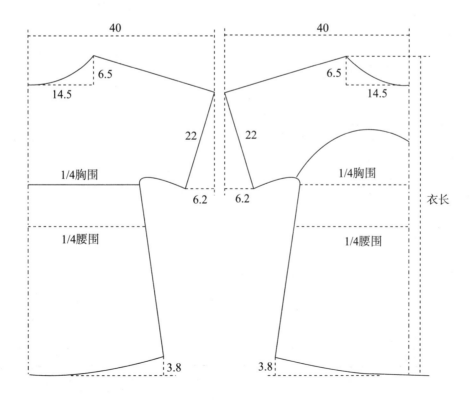

035. 沙滩服 B 款

部位	衣长	腰围	胸围	肩宽
尺寸	65	82	94	34

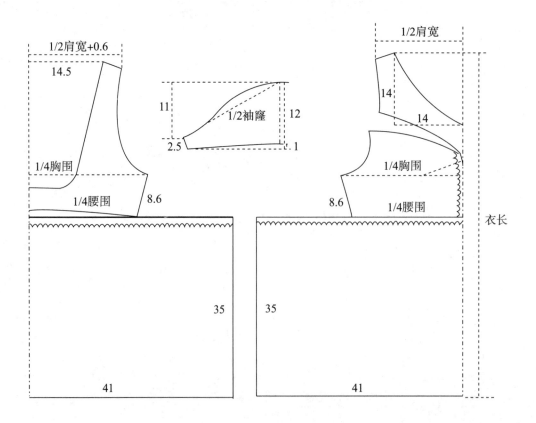

036. 沙滩服 C 款

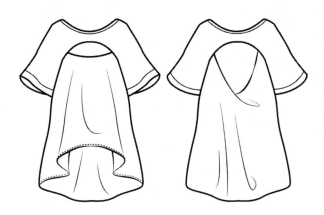

部位	衣长	腰围	胸围	肩连袖
尺寸	72	98	94	40

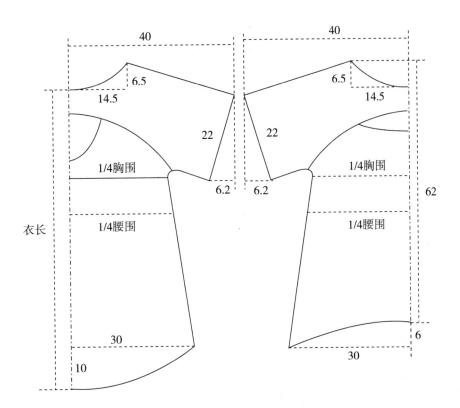

Part 2
户外运动及室内健身服

037. 儿童户外运动 T 恤 A 款

部位	衣长	腰围	胸围	肩宽
尺寸	47	72	72	30

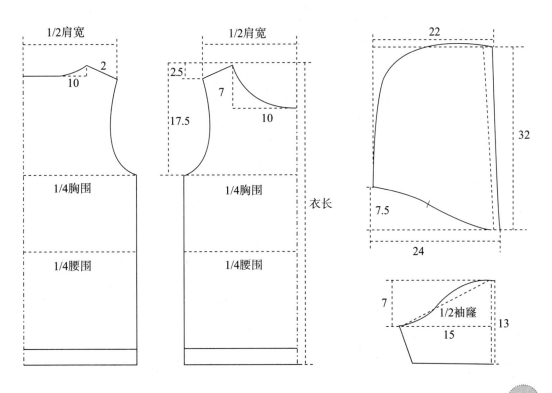

038. 儿童户外运动 T 恤 B 款

部位	衣长	腰围	胸围	肩宽
尺寸	47	72	72	30

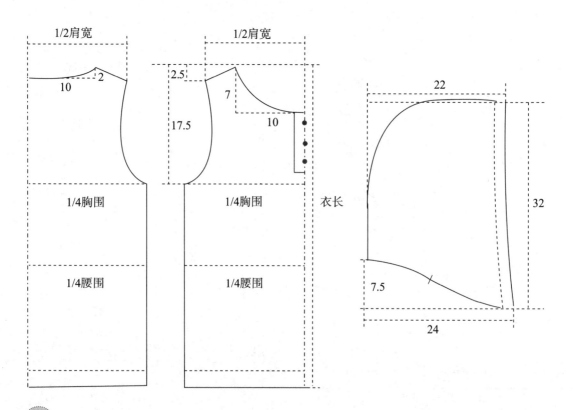

039. 男、女童春秋运动套装

（1）上装

部位	衣长	腰围	胸围	肩宽
尺寸	47	76	76	45

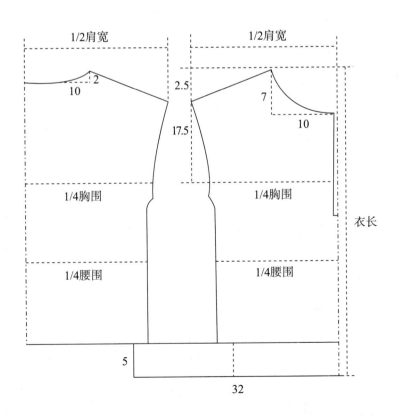

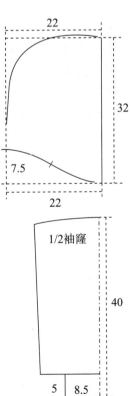

（2）下装

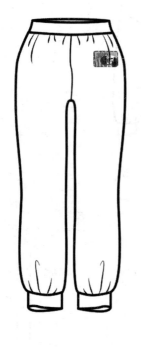

部位	衣长	腰围	臀围
尺寸	76	52	72

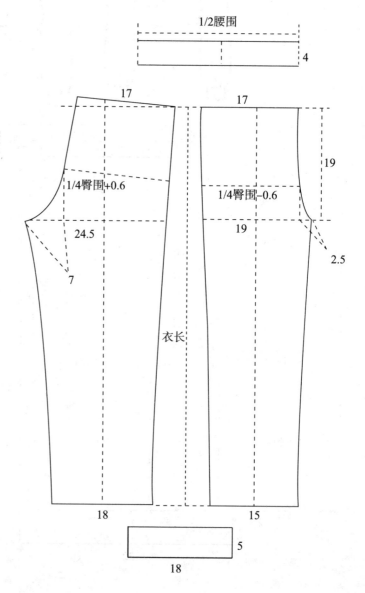

040. 男、女童运动 T 恤套装

（1）上装

部位	衣长	腰围	胸围	肩宽
尺寸	47	72	72	30

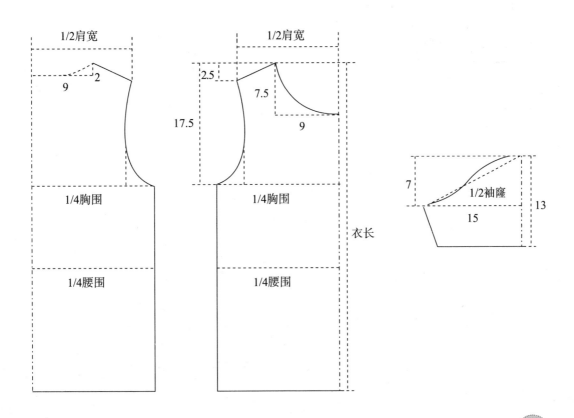

（2）下装

部位	衣长	腰围	臀围
尺寸	76	52	72

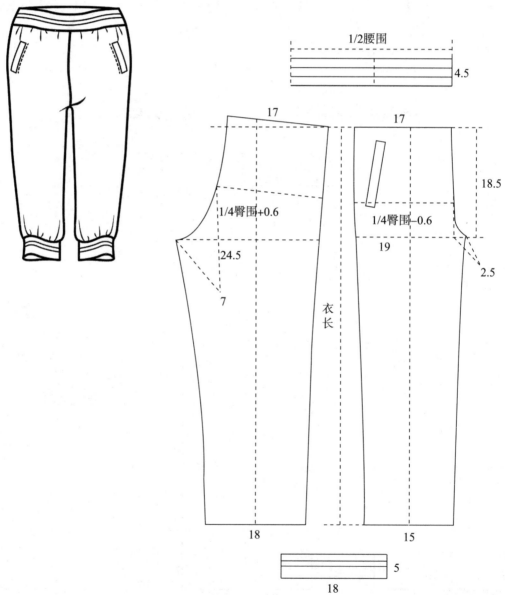

041. 男童夏季运动装 A 款

（1）上装

部位	衣长	腰围	胸围	肩宽
尺寸	47	72	72	30

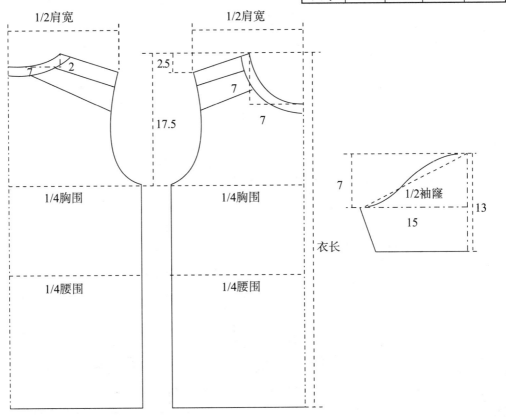

（2）下装

部位	衣长	腰围	臀围
尺寸	46	45~68	74

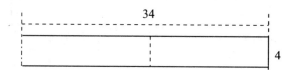

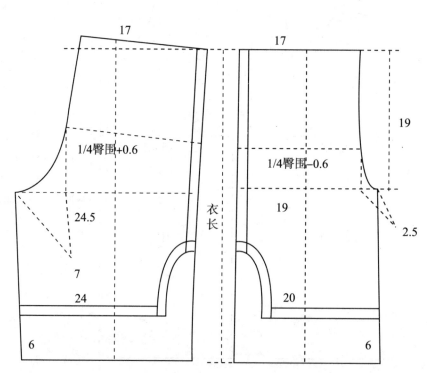

042. 男童夏季运动装 B 款

（1）上装

部位	衣长	腰围	胸围	肩宽
尺寸	47	72	72	36

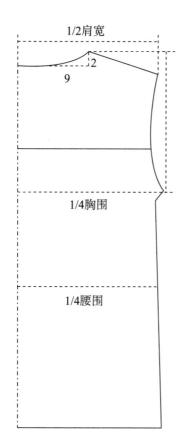

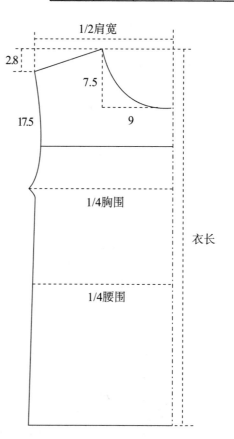

（2）下装

部位	衣长	腰围	臀围
尺寸	35	45~68	74

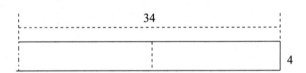

34

4

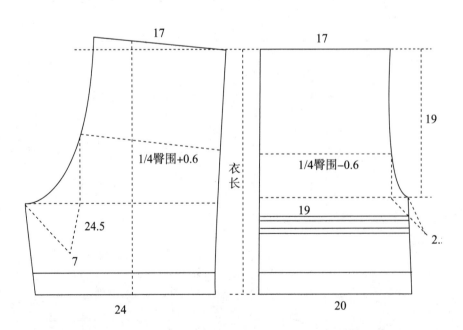

17

17

19

1/4臀围+0.6

1/4臀围-0.6

衣长

24.5

19

7

2.

24

20

043. **户外运动装 A 款**

（1）上装

部位	衣长	腰围	胸围	肩宽
尺寸	68	116	116	48

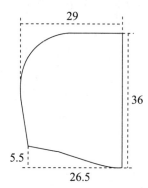

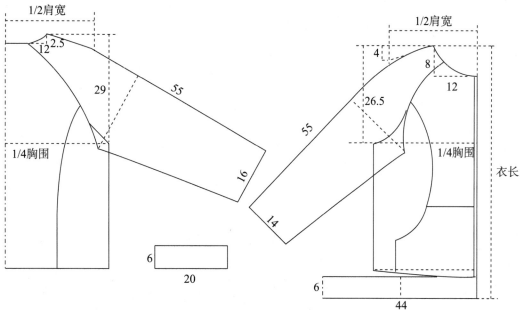

（2）下装

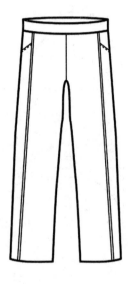

部位	衣长	腰围	臀围
尺寸	104	82	102

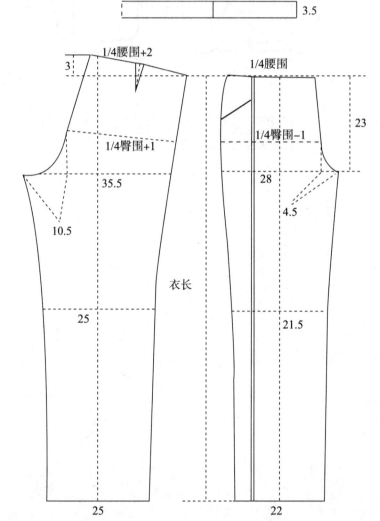

044. 户外运动装 **B** 款

（1）上装

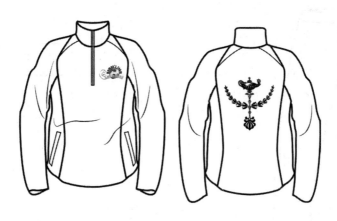

部位	衣长	腰围	胸围	肩宽
尺寸	70	116	116	48

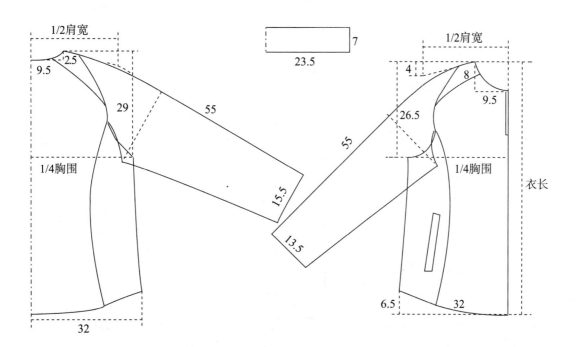

（2）下装

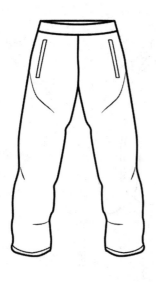

部位	衣长	腰围	臀围
尺寸	104	82	102

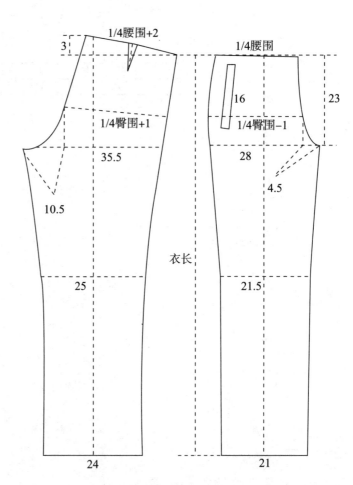

045. 女式户外休闲 T 恤

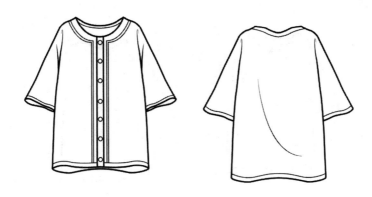

部位	衣长	腰围	胸围	肩宽
尺寸	60	90	90	38

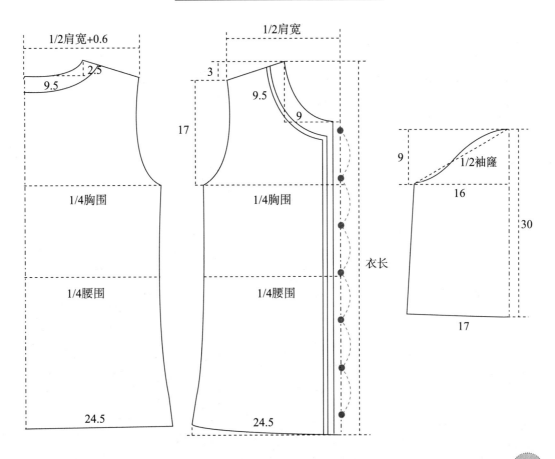

046. 女式户外休闲套装 A 款

（1）上装

部位	衣长	腰围	胸围	肩宽
尺寸	60	90	90	38

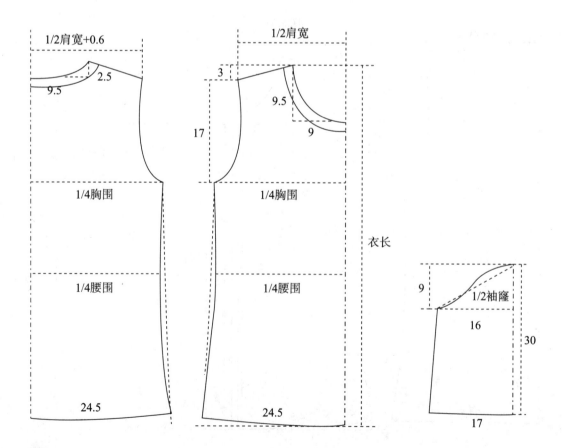

（2）下装

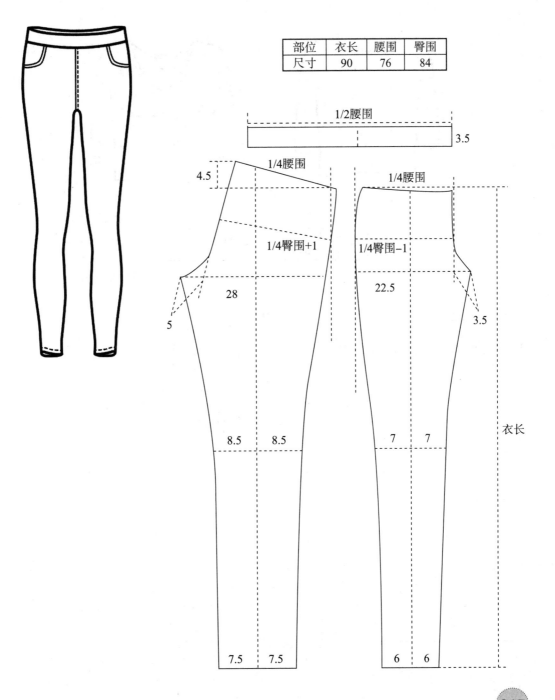

部位	衣长	腰围	臀围
尺寸	90	76	84

1/2腰围

3.5

1/4腰围

4.5

1/4臀围+1

28

5

1/4腰围

1/4臀围−1

22.5

3.5

8.5   8.5

7   7

衣长

7.5   7.5

6   6

047. 女式户外休闲套装 B 款

（1）上装

部位	衣长	腰围	胸围	肩宽
尺寸	45	82	82	45

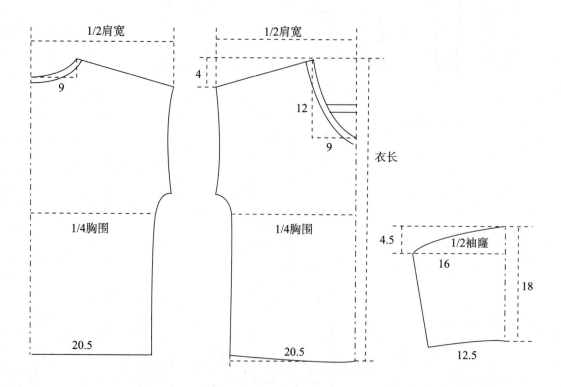

（2）下装

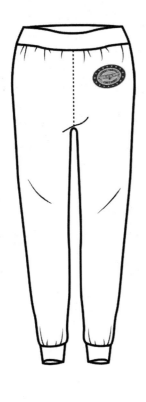

部位	衣长	腰围	臀围
尺寸	100	74	94

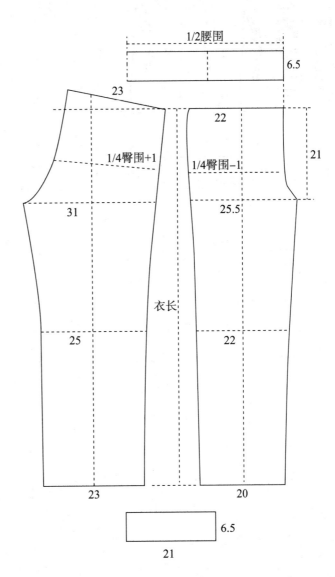

048. 女性户外健身服三件套

（1）上装

部位	衣长	腰围	胸围	肩宽
尺寸	28	60	68	25

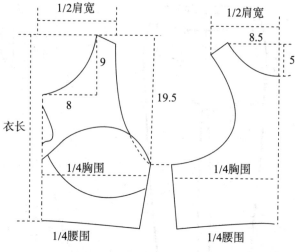

部位	衣长	腰围	胸围	肩宽
尺寸	63	102	106	42

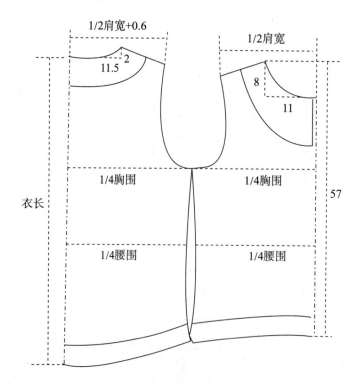

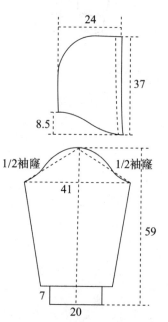

（2）下装

部位	衣长	腰围	臀围
尺寸	100	58~94	94

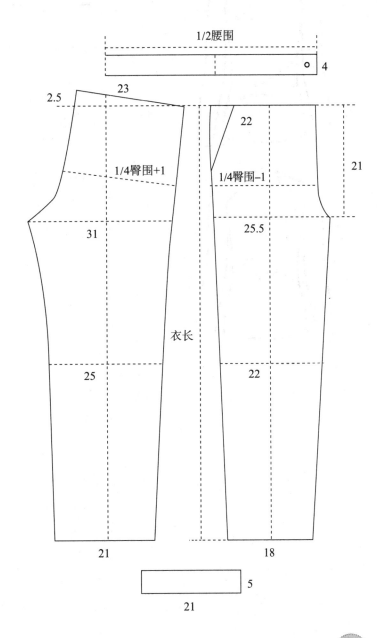

049. 女性户外运动装

（1）上装

部位	衣长	腰围	胸围	肩宽
尺寸	60	74	86	36

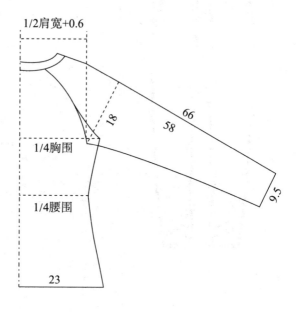

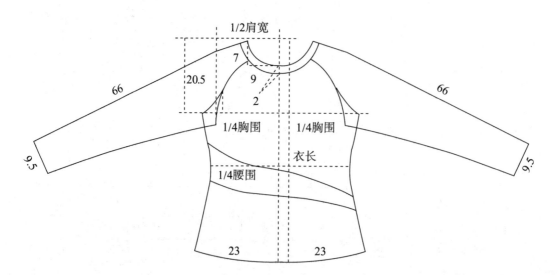

（2）下装

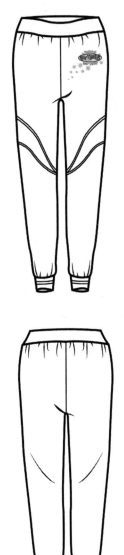

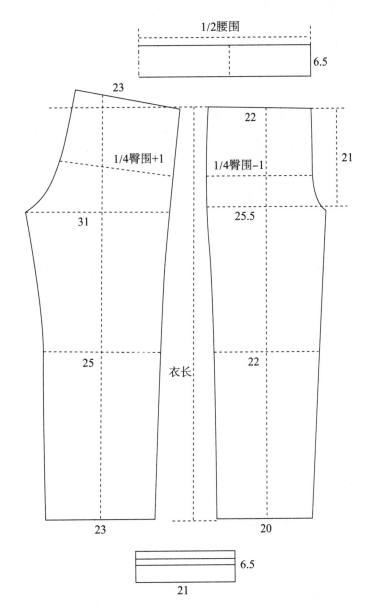

部位	衣长	腰围	臀围
尺寸	100	74	94

1/2腰围

6.5

23

1/4臀围+1

1/4臀围−1

22

21

31

25.5

衣长

25

22

23

20

6.5

21

050. 女性健身服三件套

（1）上装

部位	衣长	腰围	胸围	肩宽
尺寸	28	60	68	25

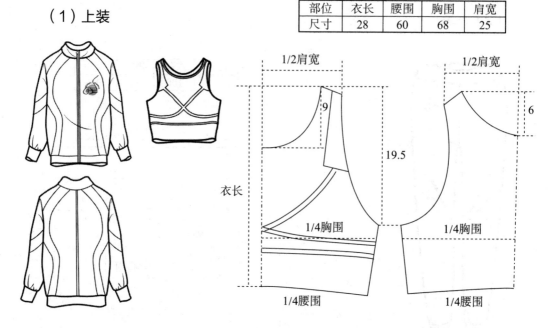

部位	衣长	腰围	胸围	肩宽
尺寸	64	102	102	42

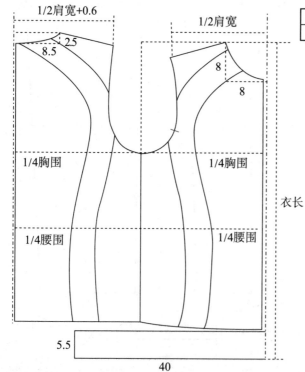

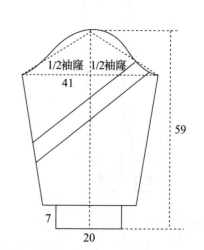

（2）下装

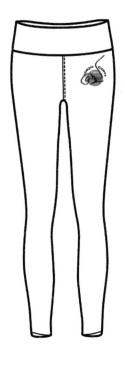

部位	衣长	腰围	臀围
尺寸	95	70	84

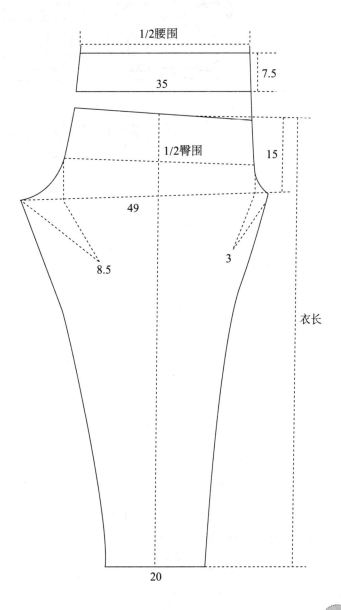

051. 女性健身服 A 款

（1）上装

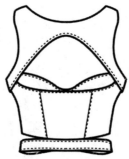

部位	衣长	腰围	胸围	肩宽
尺寸	32	60	66	28

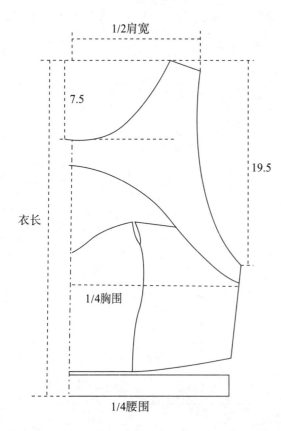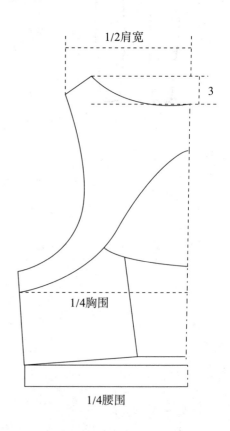

（2）下装

部位	衣长	腰围	臀围
尺寸	26	60	84

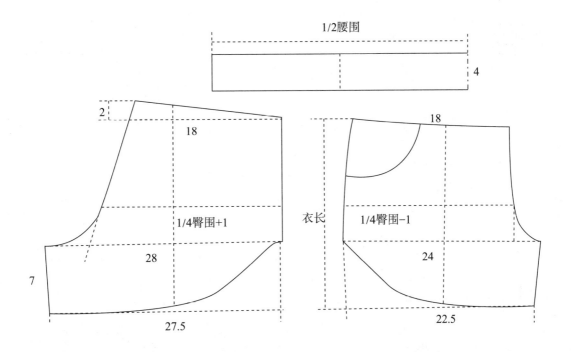

052 女性健身服 B 款

（1）上装

部位	衣长	腰围	胸围	肩宽
尺寸	29.5	60	66	28

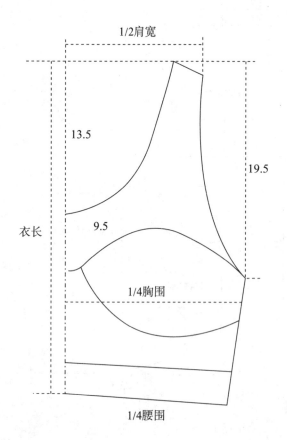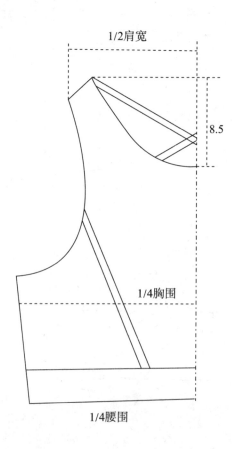

（2）下装

部位	衣长	腰围	臀围
尺寸	95	70	84

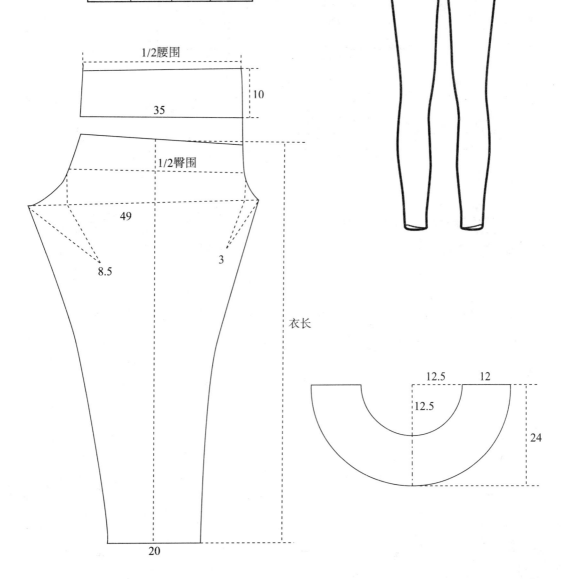

053. 夏季健身服 A 款

（1）上装

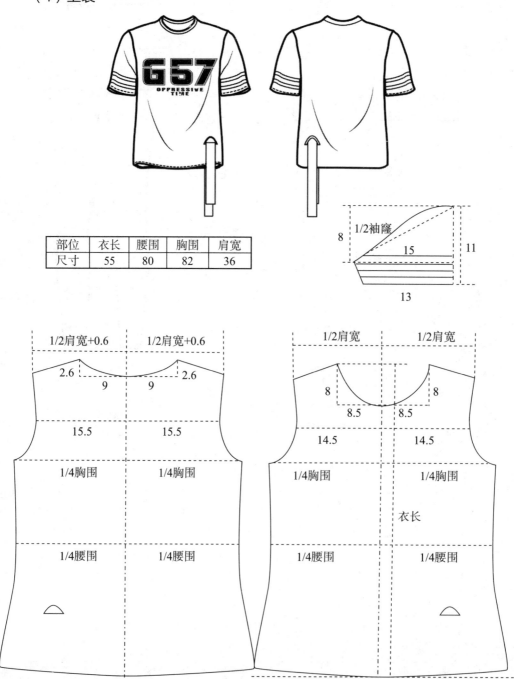

部位	衣长	腰围	胸围	肩宽
尺寸	55	80	82	36

（2）下装

部位	衣长	腰围	臀围
尺寸	44	60~90	94

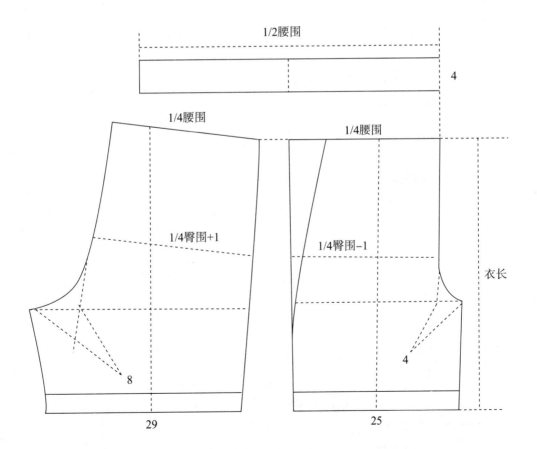

054. 夏季健身服 **B** 款

（1）上装

部位	衣长	腰围	胸围	肩宽
尺寸	53	70	78	33

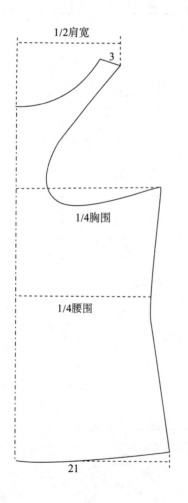

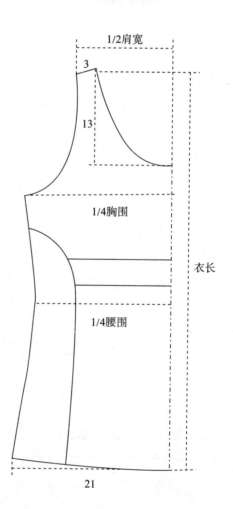

（2）下装

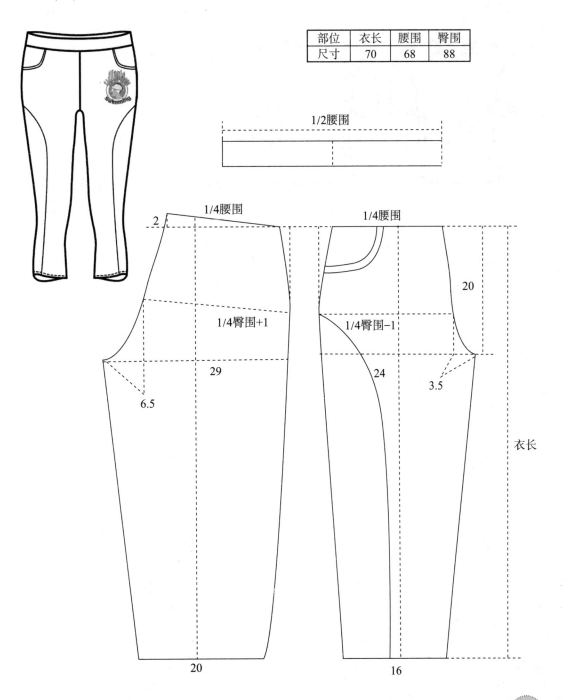

部位	衣长	腰围	臀围
尺寸	70	68	88

1/2腰围

1/4腰围

1/4腰围

2

20

1/4臀围+1

1/4臀围-1

29

24

3.5

6.5

衣长

20

16

055. 男性夏季运动装

（1）上装

部位	衣长	腰围	胸围	肩宽
尺寸	53	70	78	33

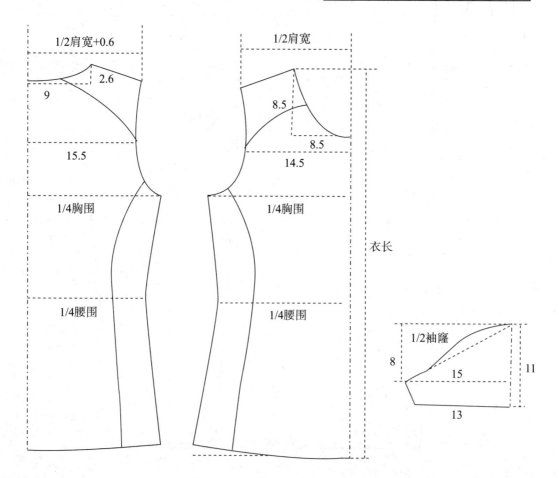

（2）下装

部位	衣长	腰围	臀围
尺寸	43	68	88

1/2腰围

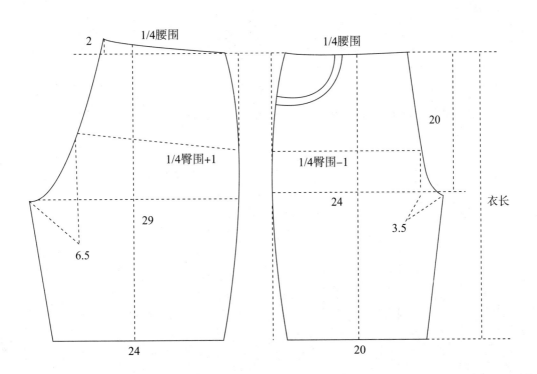

056. 运动 T 恤

部位	衣长	腰围	胸围	肩宽
尺寸	60	82	82	38

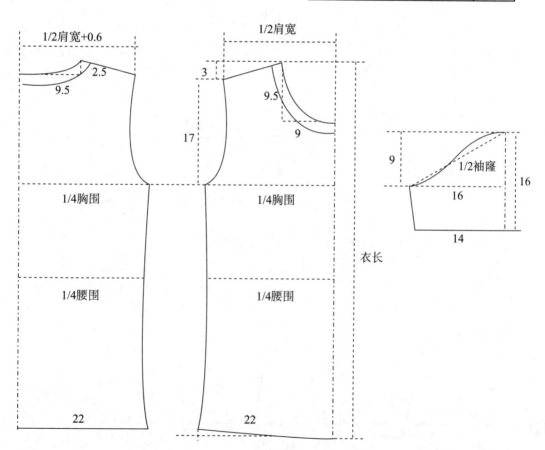

Part 3

马术服、棒球服、网球服、瑜伽服、羽毛球服

057. 马术背心

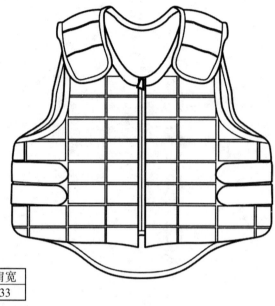

部位	后衣长	腰围	胸围	肩宽
尺寸	52	94	94	33

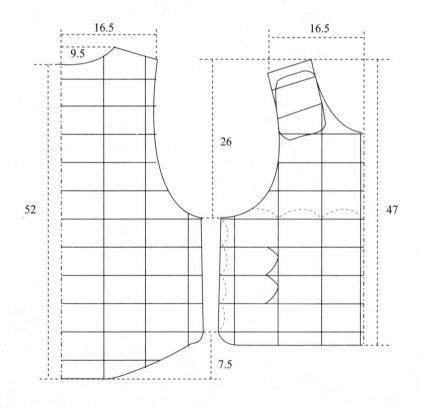

058. 马术服上装

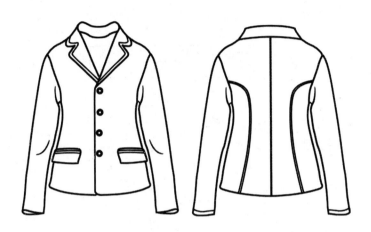

部位	衣长	腰围	胸围	肩宽
尺寸	62	82	96	39

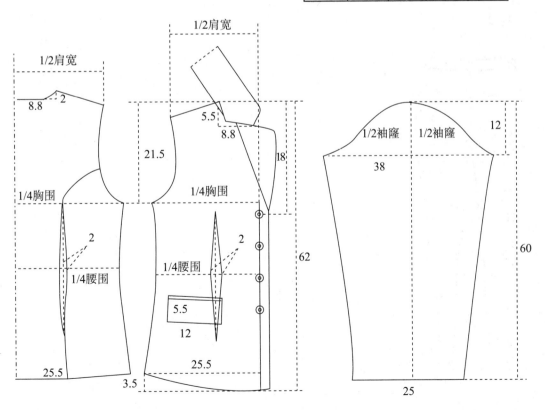

059. 马术服下装 A 款

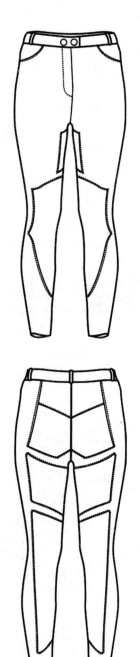

部位	衣长	腰围	臀围
尺寸	90	64	80

060. 马术服下装 B 款

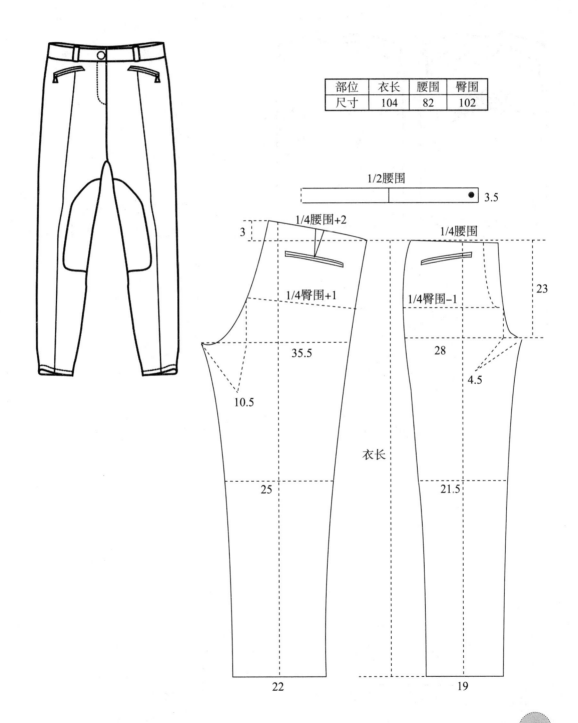

部位	衣长	腰围	臀围
尺寸	104	82	102

1/2腰围 ● 3.5

1/4腰围+2
3
1/4臀围+1
35.5
10.5
25
22

1/4腰围
23
1/4臀围−1
28
4.5
21.5
19

衣长

061. 棒球服 T 恤

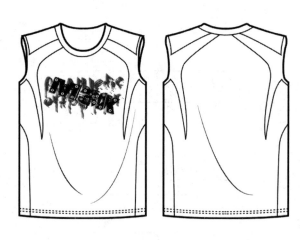

部位	衣长	腰围	胸围	肩宽
尺寸	65	90	90	42

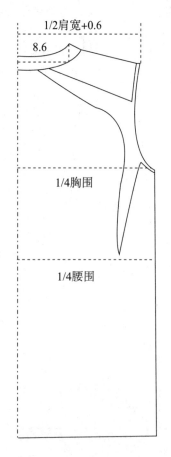

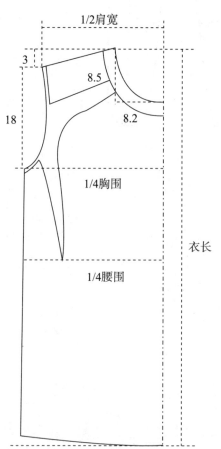

062. **棒球服 A 款**

部位	衣长	腰围	胸围	肩宽
尺寸	68	116	116	48

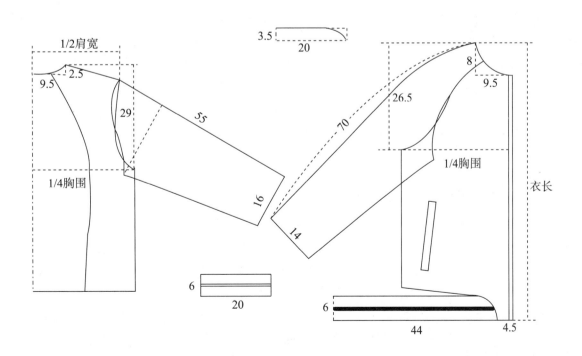

063. 棒球服 B 款

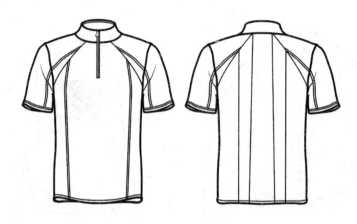

部位	衣长	腰围	胸围	肩宽
尺寸	75	102	108	47

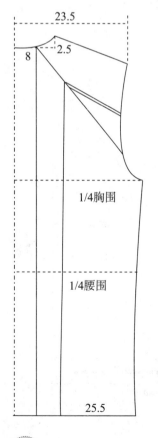

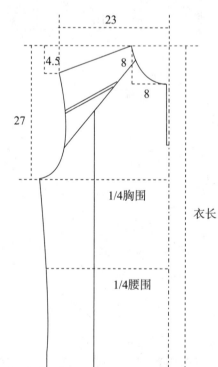

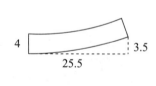

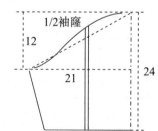

064. 棒球服 C 款

部位	衣长	腰围	胸围	肩宽
尺寸	68	116	116	48

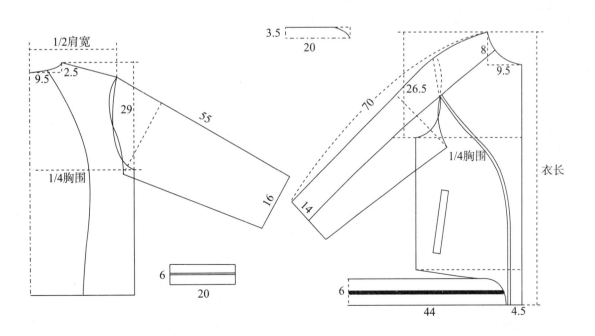

065. **女式棒球衫**

部位	衣长	腰围	胸围	肩宽
尺寸	54	106	106	42

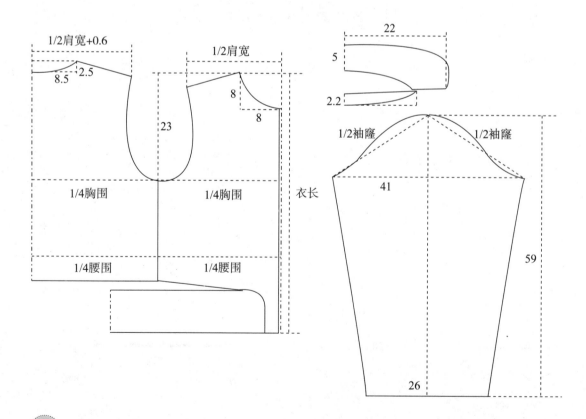

066. 女童 POLO 连体网球服

部位	衣长	腰围	胸围	肩宽
尺寸	55	55	64	28

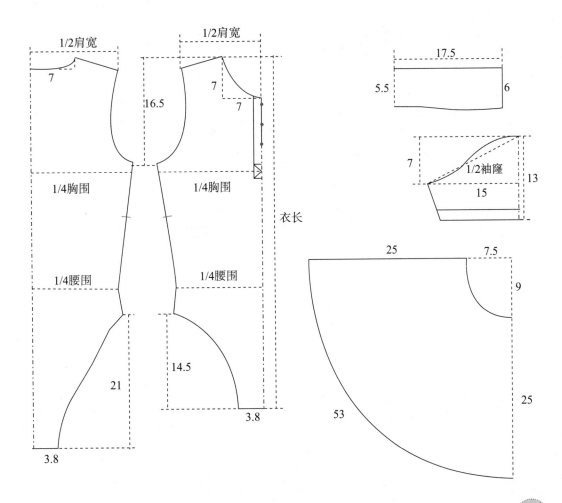

067. 男性 POLO 网球服 A 款

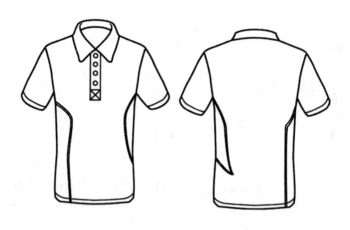

部位	衣长	腰围	胸围	肩宽
尺寸	65	106	110	48

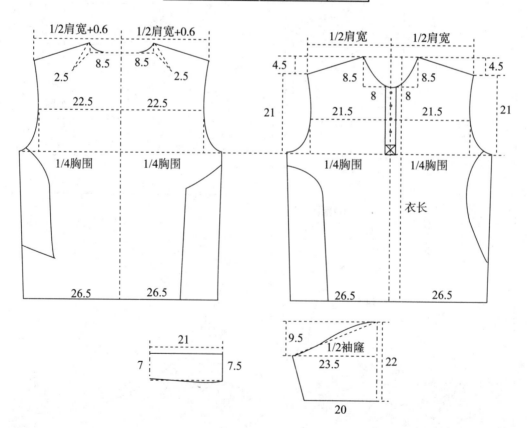

068. 男性 POLO 网球服 B 款

部位	衣长	腰围	胸围	肩宽
尺寸	65	106	110	48

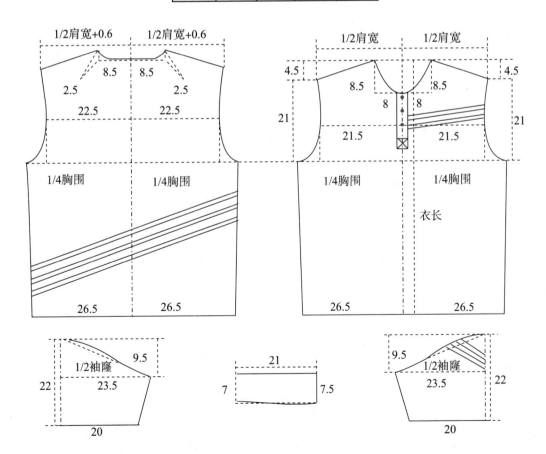

069. 男性 POLO 网球服两件套

（1）上装

部位	衣长	腰围	胸围	肩宽
尺寸	65	106	110	48

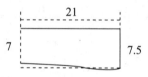

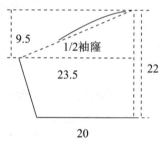

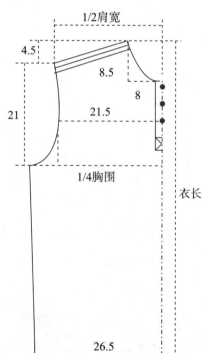

（2）下装

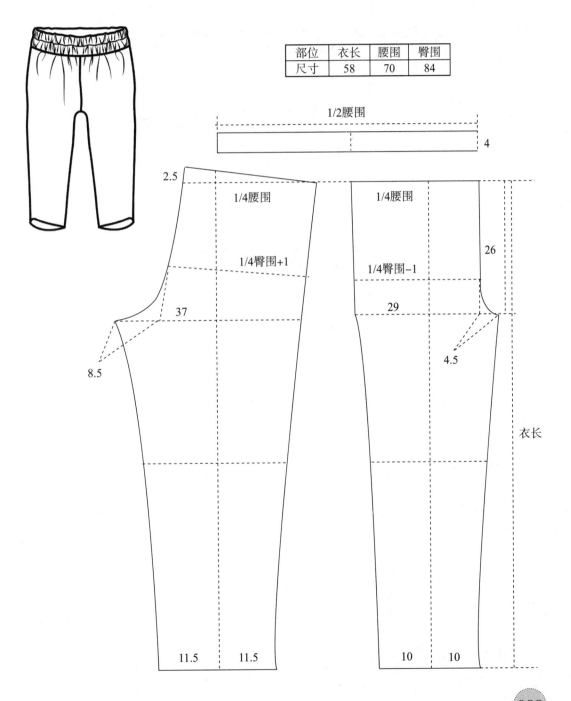

部位	衣长	腰围	臀围
尺寸	58	70	84

070. 女性 POLO 网球服两件套 A 款

（1）上装

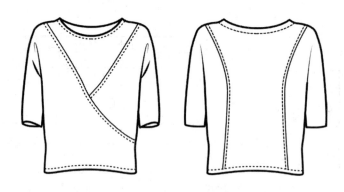

部位	衣长	腰围	胸围	肩宽
尺寸	60	82	82	38

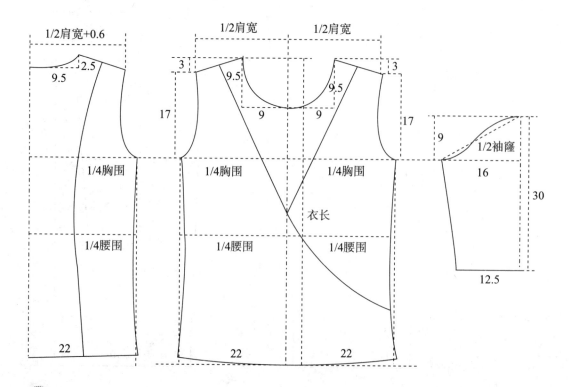

（2）下装

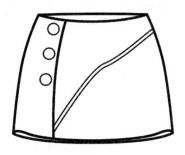

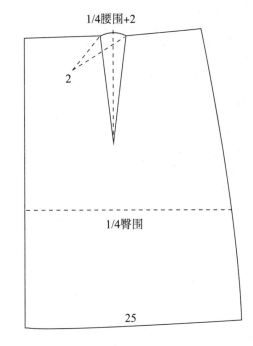

1/4腰围+2

2

1/4臀围

25

部位	衣长	腰围	臀围
尺寸	32	70	94

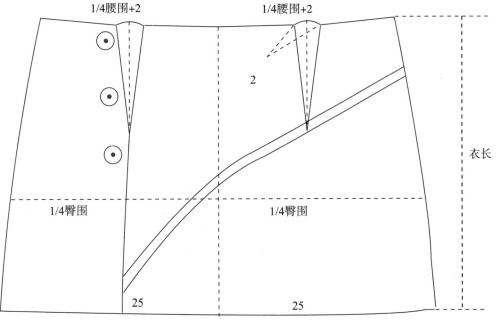

1/4腰围+2

1/4腰围+2

2

1/4臀围

1/4臀围

衣长

25

25

071. 女性 POLO 网球服两件套 B 款

部位	衣长	腰围	胸围	肩宽
尺寸	56	78	82	38

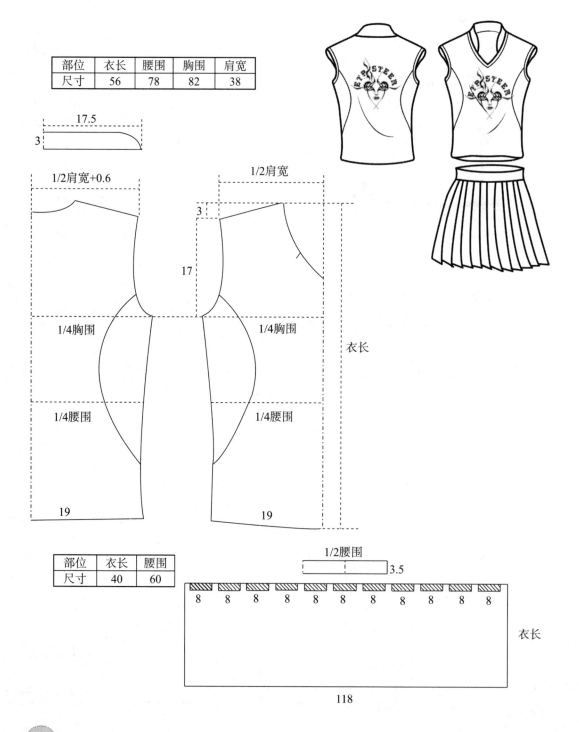

部位	衣长	腰围
尺寸	40	60

072. 女性 POLO 网球服两件套 C 款

（1）上装

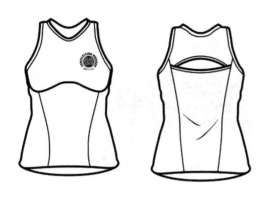

部位	衣长	腰围	胸围	肩宽
尺寸	53	70	78	33

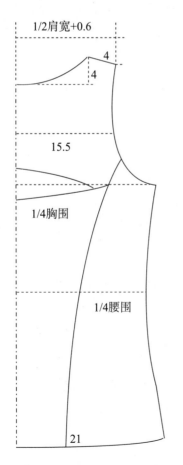

1/2肩宽+0.6

4
4

15.5

1/4胸围

1/4腰围

21

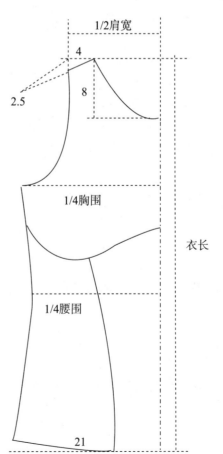

1/2肩宽

4

2.5
8

1/4胸围

衣长

1/4腰围

21

（2）下装

部位	衣长	腰围	臀围
尺寸	33	70	不限

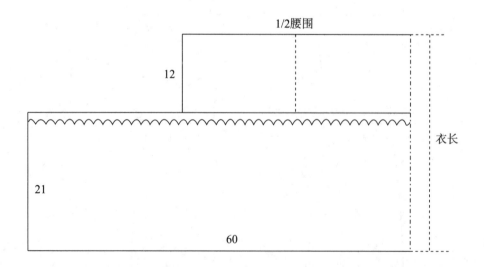

073. 网球连衣裙 A 款

部位	衣长	腰围	胸围	肩宽	坐围
尺寸	80	74	86	36	94

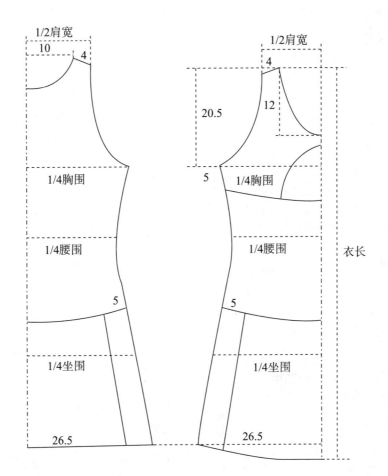

074. 网球连衣裙 B 款

部位	衣长	腰围	胸围	肩宽	坐围
尺寸	80	74	86	36	94

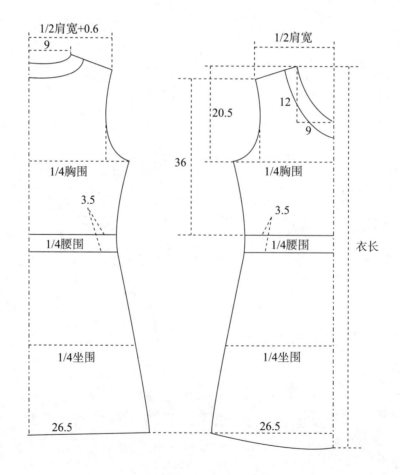

075. **网球连衣裙 C 款**

部位	衣长	腰围	胸围	肩宽	坐围
尺寸	80	74	86	36	94

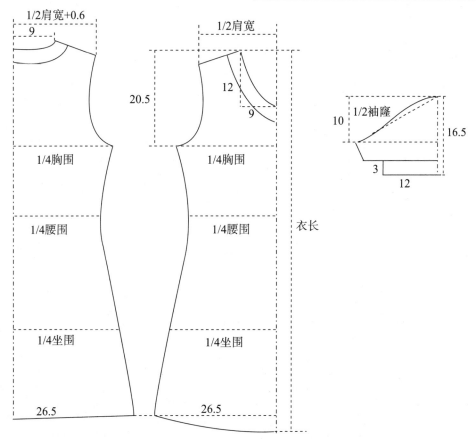

076. 网球连衣裙 D 款

部位	衣长	腰围	胸围	肩宽
尺寸	80	74	86	36

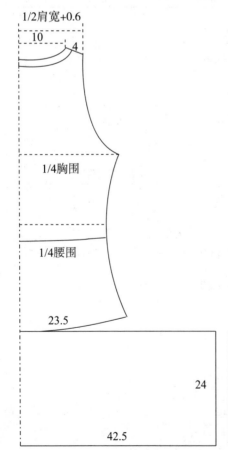
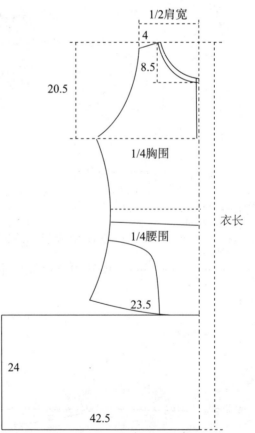

077. **网球连衣裙 E 款**

部位	衣长	腰围	胸围	肩宽	坐围
尺寸	80	74	86	36	94

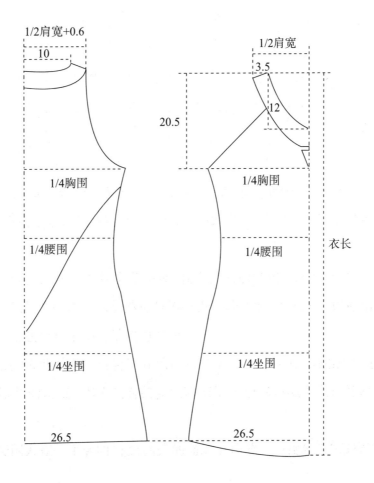

078. 网球连衣裙 F 款

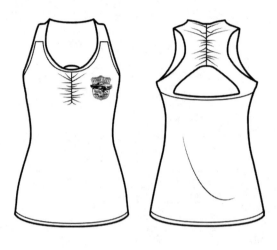

部位	衣长	腰围	胸围	肩宽
尺寸	80	74	86	36

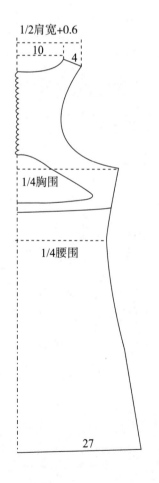

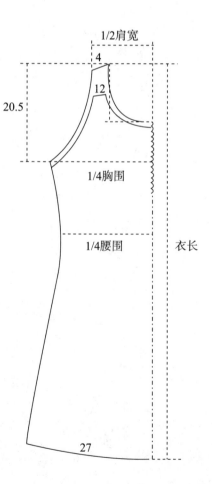

079. 网球连衣裙 G 款

部位	衣长	腰围	胸围	肩宽
尺寸	80	74	86	36

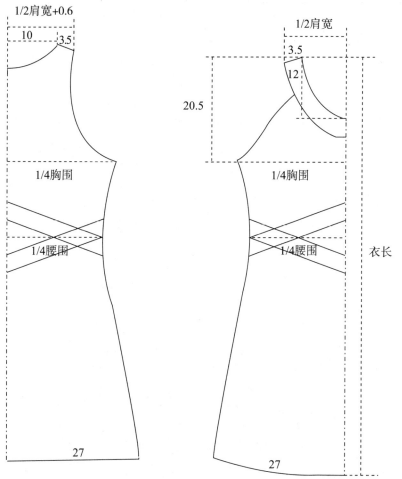

080. 网球连衣裙 H 款

部位	衣长	腰围	胸围	肩宽
尺寸	80	74	86	36

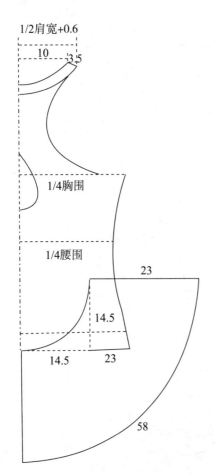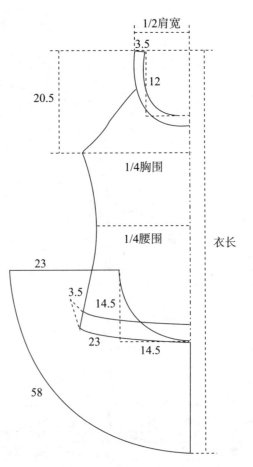

081. 瑜伽上衣 A 款

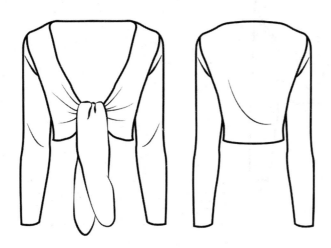

部位	衣长	腰围	胸围	肩宽
尺寸	32	66	82	34

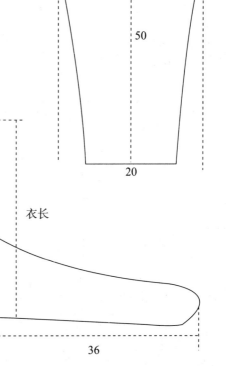

082. 瑜伽上衣 B 款

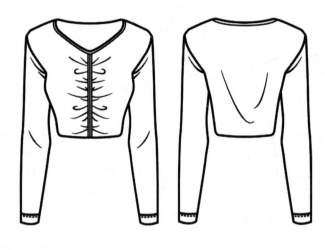

部位	衣长	腰围	胸围	肩宽
尺寸	44	70	78	33

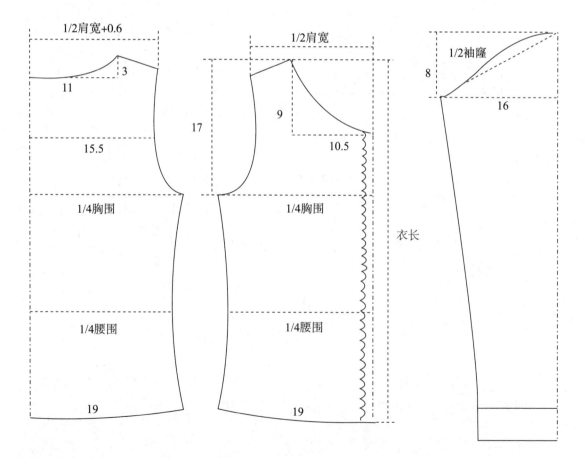

083. 瑜伽服两件套 A 款

（1）上装

部位	衣长	腰围	胸围	肩宽
尺寸	29.5	60	66	28

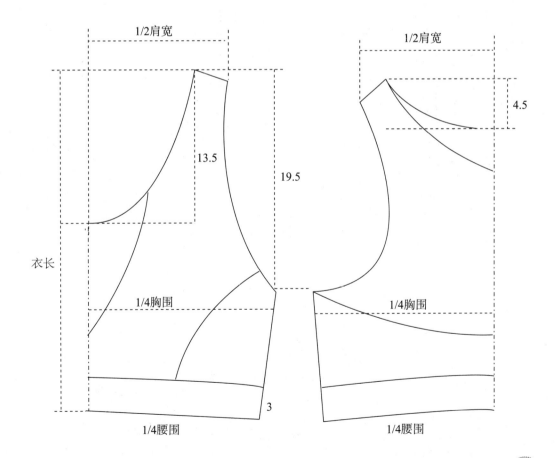

（2）下装

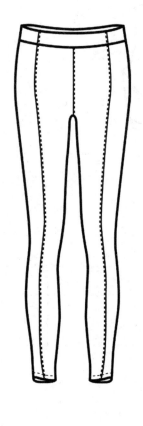

部位	衣长	腰围	臀围
尺寸	96	68	88

1/2腰围

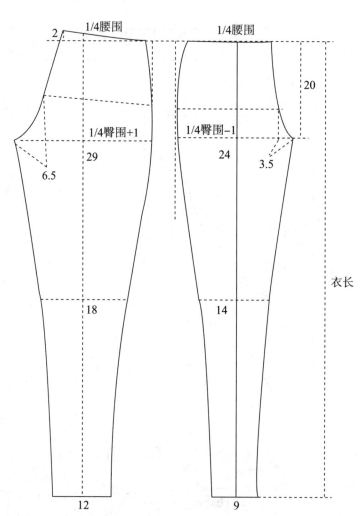

084. 瑜伽服两件套 B 款

（1）上装

部位	衣长	腰围	胸围	肩宽
尺寸	53	70	78	33

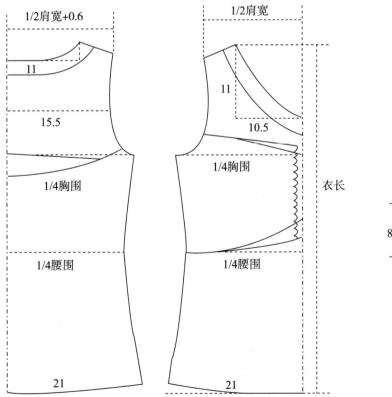

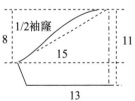

（2）下装

部位	衣长	腰围	臀围
尺寸	43	68	88

1/2腰围

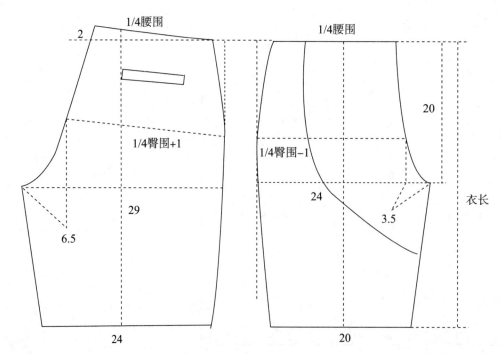

085. **瑜伽服两件套 C 款**

（1）上装

部位	衣长	腰围	胸围	肩宽
尺寸	29.5	60	66	28

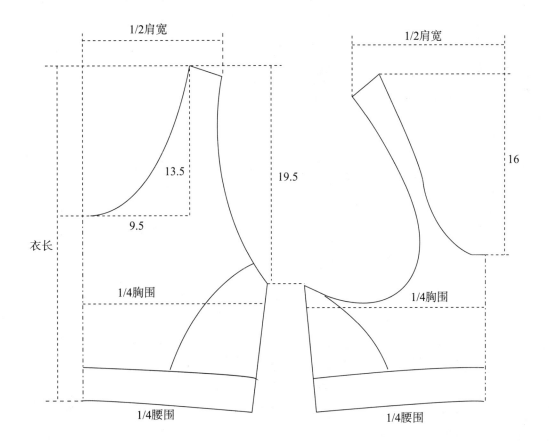

（2）下装

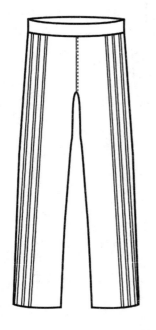

部位	衣长	腰围	臀围
尺寸	95	60	86

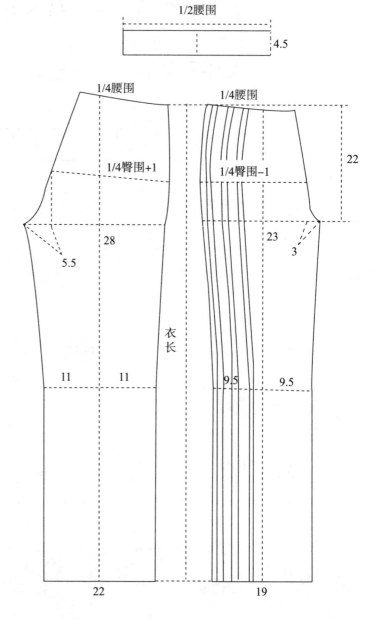

086. 女式分体式羽毛球服 A 款

（1）上装

部位	衣长	腰围	胸围	肩宽
尺寸	42	74	86	36

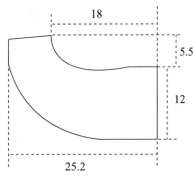

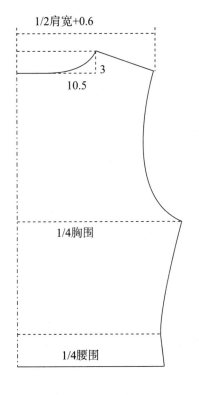

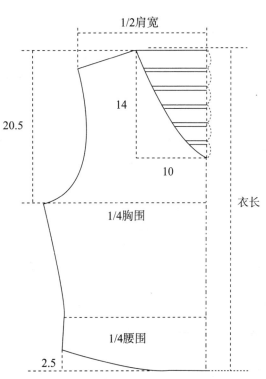

（2）下装

部位	衣长	腰围	臀围
尺寸	26	60	84

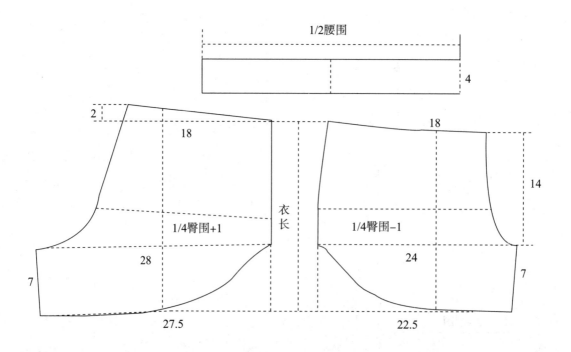

087. 女式分体式羽毛球服 B 款

（1）上装

部位	衣长	腰围	胸围	肩宽
尺寸	30	66	68	25

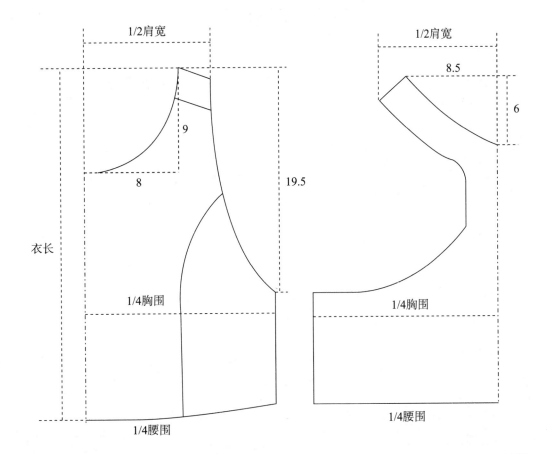

（2）下装

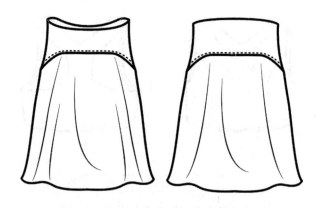

部位	衣长	腰围	臀围
尺寸	42	58	94

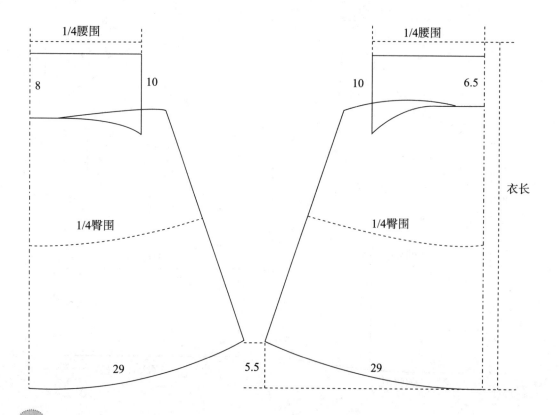

088. **羽毛球连衣裙 A 款**

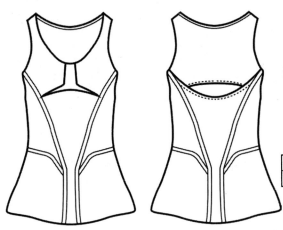

部位	衣长	腰围	胸围	肩宽	坐围
尺寸	80	74	86	36	94

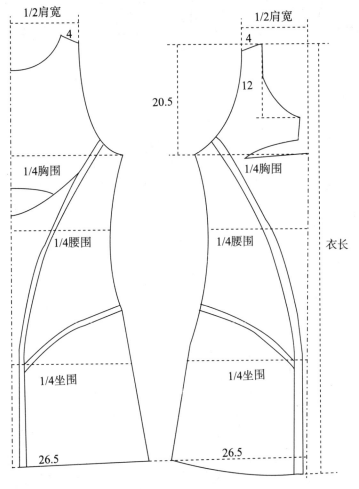

089. **羽毛球连衣裙 B 款**

部位	衣长	腰围	胸围	肩宽
尺寸	80	74	86	36

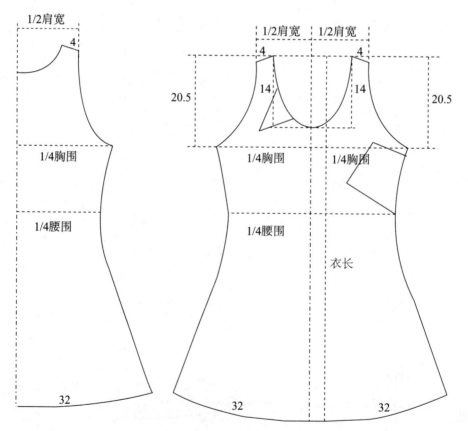

090. 羽毛球连衣裙 C 款

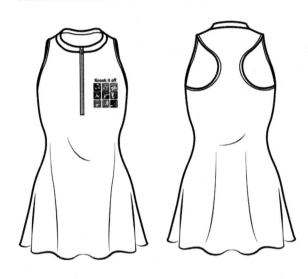

部位	衣长	腰围	胸围	肩宽
尺寸	80	74	86	36

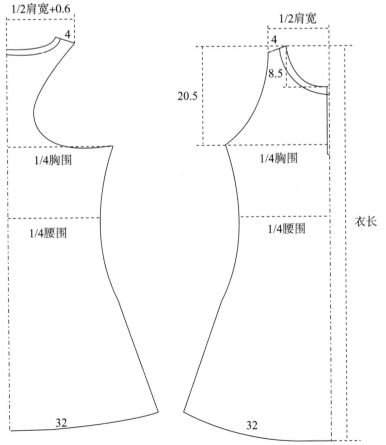

091. 羽毛球连衣裙 D 款

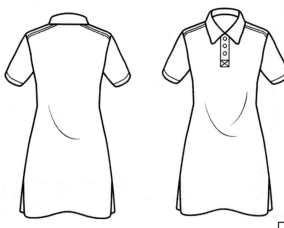

部位	衣长	腰围	胸围	肩宽	坐围
尺寸	80	74	86	36	94

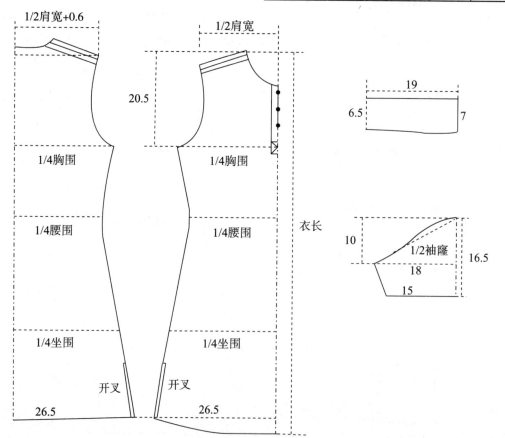

092. 羽毛球连衣裙 E 款

部位	衣长	腰围	胸围	肩宽	坐围
尺寸	80	74	86	36	94

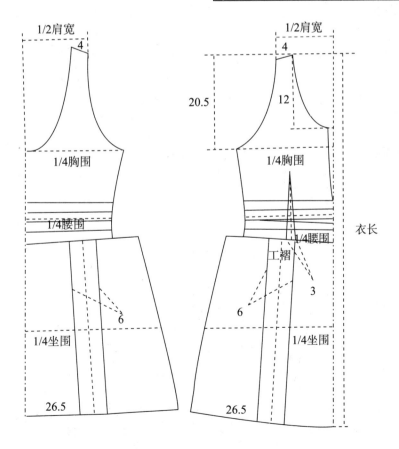

093 羽毛球连衣裙 F 款

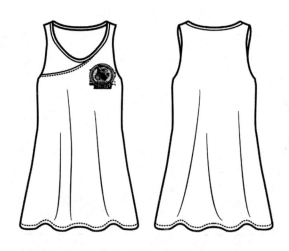

部位	衣长	腰围	胸围	肩宽
尺寸	80	86	86	36

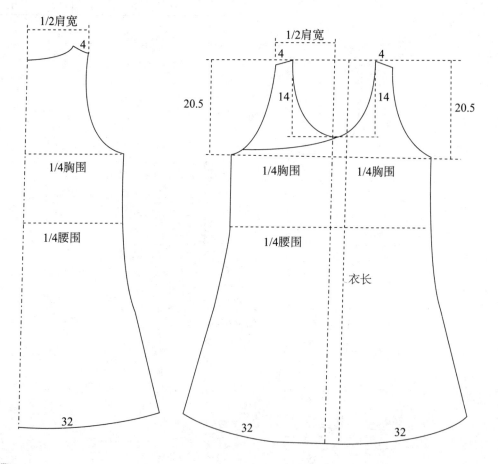

094. 羽毛球连衣裙 G 款

部位	衣长	腰围	胸围	肩宽
尺寸	80	82	86	36

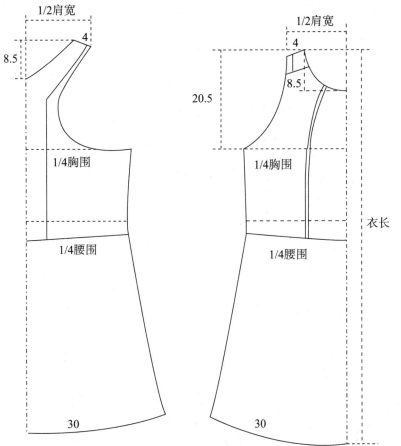

095. 羽毛球连衣裙 H 款

部位	衣长	腰围	胸围	肩宽
尺寸	80	86	86	36

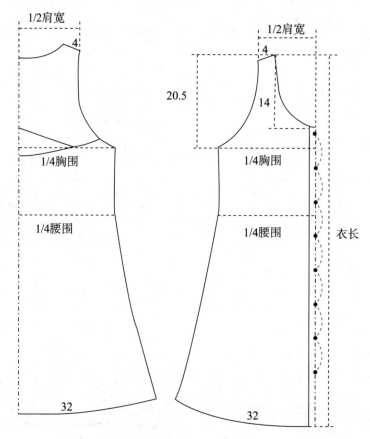